BIANDIAN YUNWEI YITIHUA
XIANCHANG SHIYONG JISHU YAODIAN

变电运维一体化

现场实用技术要点

主　编　刘　伟
副主编　王朕伟　冯　硕

U0333269

中国电力出版社
CHINA ELECTRIC POWER PRESS

内 容 提 要

国家电网公司在构建“大检修”体系中提出了在电网变电专业生产作业中实施“变电运行维护一体化”（简称运维一体化），并按照近期、中期、远期三个阶段逐步推行运维一体化管理。运维一体化的建立将有效整合倒闸操作、设备巡视、变电运行类维护及检修类部分维护工作，使变电专业工作效率得以提高，企业经济效益相应增加。

本书以国家电网公司对变电运维一体化实施的相关规范要求为依据，将运维项目及相关操作规范、工器具使用等知识，分为16章向读者进行介绍。依次为变电运维一体化概念，变压器（电抗器）、断路器、隔离开关、电流互感器、电压互感器、母线、避雷器、耦合电容器、继电保护及自动装置、直流系统、站用电系统、电容器组典型维护性项目及技术要求，变电专业电气工作票、操作票应用规范，变电设备状态检修及安全性评价，常用工器具、仪器、仪表的使用与维护，包含变电运维人员进行现场工作所需掌握的运维一体化的知识和技能、技术要求。具有适用广泛、通俗易懂、参考性强的特点，是变电运维人员工作必备的参考性图书和不可缺少的技术资料。

本书可供变电检修，运维人员培训使用。

图书在版编目（CIP）数据

变电运维一体化现场实用技术要点/刘伟主编. —北京：中国电力出版社，2014.10（**2015.9重印**）

ISBN 978-7-5123-6370-0

Ⅰ.①变… Ⅱ.①刘… Ⅲ.①变电所-电力系统运行②变电所-检修 Ⅳ.①TM63

中国版本图书馆CIP数据核字（2014）第194303号

中国电力出版社出版、发行

（北京市东城区北京站西街19号 100005 http://www.cepp.sgcc.com.cn）

航远印刷有限公司印刷

各地新华书店经售

*

2014年10月第一版 2015年9月北京第二次印刷

710毫米×980毫米 16开本 14.75印张 248千字

印数2001—4000册 定价**45.00**元

敬 告 读 者

本书封底贴有防伪标签，刮开涂层可查询真伪

本书如有印装质量问题，我社发行部负责退换

版 权 专 有 翻 印 必 究

编委会

主　　编　刘　伟

副 主 编　王朕伟　冯　硕

编写人员　刘文奇　肖增鹏　王学超　侯秀梅

　　　　　李京润　张　尧　何昱玮　韩　啸

　　　　　丁继媛　杨　薇

序

随着国家电网公司“三集五大”体系建设的全面开展，大检修体系实施检修专业化和运维一体化的管理模式。随即在变电专业推出了变电运维一体化的管理模式，变电运维一体化管理模式对原有生产模式进行了较大的调整，对变电专业人员综合业务技术素质提出了更高的要求。变电运维一体化模式调整了原有的变电专业业务流程和职责范围，加大了变电运维人员的劳动强度和安全责任，加强了相关专业间的技术业务融合，将变电运行职能和变电检修、试验、继电保护的部分职能整合在一起，逐步实现变电运维一体化。

要提高生产效率、降低运维成本、提升精益化管理水平，技能、技术人才的培养是关键。对运维一体化人员进行相应的业务知识培训，使其了解、掌握一体化模式的业务流程和管理要求，可以快速提高其综合技能水平。由于国家电网公司目前只下发了《推进变电运维一体化的实施意见》和《变电运维一体化业务管理规范》等几个指导性文件，还没有一本关于变电运维一体化方面的技能指导类书籍作为参考。《变电运维一体化现场实用技术要点》从变电运维一体化的实际工作出发，着力于人员技能和素质的提升及运维质量和工作效率的提高，明确了变电站运维一体化业务内容和管理要求，为变电运维一体化建设提供基础资源保障。

本书浅显易懂，适合大检修专业人员阅读。在本书的编写过程中，编委同志们以高度的责任感和严谨的科学态度，付出了辛勤的汗水。在本书即将正式出版的时候，我谨对所有参与和支持本书编辑出版的同志们表示崇高的敬意。希望有更多的同志结合电网运行实际，不断总结经验，逐步完善变电运维一体化现场实用技术，为使中国电网向国际一流迈进而进行坚持不懈地努力！

王志伟

2014年4月

前　言

当前电力行业开展的变电运维一体化对原有生产模式进行了较大的调整，对人员综合素质提出了更高的要求。一体化模式调整了原有的变电业务流程和职责界面，加大了人员劳动强度和安全责任，并且加强了与相关专业间的融合，将变电运行职能和变电检修、试验、继电保护的部分相关职能整合，在变电专业领域所属的运维班（站）逐步实现变电一、二次设备的运维一体化。运维一体化可优化生产业务流程，提升生产效率，降低运维成本，提高精益化管理水平，而提升运维人员综合技能水平，也有助于其肩负起对设备维护的重任，确保电网的安全、稳定、可靠运行。

《变电运维一体化现场实用技术要点》依据国家电网公司关于《推进变电运维一体化的实施意见》并参考国网省级电力有限公司《变电运维一体化业务管理规范》，从变电运维一体化的实际工作出发而编写。本书着力于人员技能和素质的提升、运维质量和工作效率的提高，明确变电站运维一体化业务内容和管理要求，为运维一体化建设基础人力资源培训提供保障。本书图文相济、深入浅出，对一体化范畴内的变压器、断路器等典型维护性项目及技术要求，电气工作票、操作票应用规范，变电设备状态检修及安全性评价、常用工器具、仪器仪表的使用与维护等进行要点讲解解析，可操作性强，适用范围广泛。

本书的编写得到了国网黑龙江省电力有限公司有关领导的大力支持，在此表示衷心的感谢，同时对本书中所参考相关书籍的作者表示感谢。衷心希望本书能对读者了解变电运维一体化的相关技术，做好变电运维一体化设备巡检、倒闸操作和维护类检修有所帮助。由于编写水平所限，疏漏和不足之处在所难免，欢迎读者批评指正。

目　录

第1章

变电运维一体化概述

本章以变电运维一体化概念的引出及优势对比为基本，向读者介绍变电运维一体化的基本概念、实施及管理基本要求、一体化发展前景以及最新要求和开展动态等。通过本章介绍内容使读者对变电运维一体化建设基本框架结构有所了解，为明确变电运维一体化范畴并进行正确的实施开展奠定理论基础。

1.1 变电运维一体化的概念

中国电力系统安全生产多年来形成了分工明确的发电、输电、变电、配电、调度五大技术专业。而变电专业又发展为变电运行与变电检修两个专业。一直以来，变电站的工作一般由变电运行及变电检修部门分别承担其运行管理及设备维护检修工作。

变电运行是供电企业主要的生产运行单位之一，担负着变电站日常运行生产及管理工作，而变电检修是维持电气设备正常运转以使得电力系统正常工作运行的重要保障，是电力系统日常运转和生产工作安全最基本的保证。所谓变电运行人员主要指的是变电站设备的运行巡视、倒闸操作与事故应急处置人员。变电检修人员是指从事变电设备维护与检修的专业人员。这两种工作是不同性质的，从形式上来看，运行管理工作是一项单工种的工作，维护检修工作是一项多工种协同的工作；而从工作实质上来讲，运行管理工作是注重全流程的变电工作，而维护检修工作是注重结果的变电工作。

通过专业工作范畴分析可以看出变电运行和检修工作是完全两种不同性质的作业模式，对应着变电运行与检修两个专业，全国各地有着相应的劳动组织架构进行管理，并按照以上两个专业分别从安全工作规程、运行规程、检修规程、调度规程等多方面形成了完整的安全生产制度体系，相互合作、相互监督，为保障电网的快速发展起到了重要的作用。而今，随着城市建设发展对电力供应的需求使得城市供电区域内变电站的数量不断增加，各专业类别逐步走向集中管理，各地电力系统对如何提高电力员工的工作效率越来越重视，同时结合变电设备可靠性大幅的提高、网络化和智能化设备的大量应用等有利因素，在这种情况下，变电运维一体化工作的概念就应运而生并逐步走向实施应用及优化。

国家电网公司（简称公司）在构建大检修体系中提出了在电网变电专业生产作业中实施“运行维护一体化”（简称运维一体化）。所谓运维一体化，就是改变传统由变电运行人员进行设备巡视和现场操作、由变电检修人员进行维护检修的这种专业分工协作的生产组织方式，将设备巡视、现场操作、维护（C、D类检修）业务（详见1.5）和变电检修人员进行重组整合，按照近期、中期、远期三个阶段逐步推行运维一体化管理。运维一体化的建立将有效整合倒闸操作、设备巡视、变电运行类维护及维护类检修工作，使变电专业工作效率得以提高，企业经济效益相应增加。

公司运检部对运维一体化实施开展的方案中强调，实施运维一体化是大检修体系建设的重要内容之一，目前输电和配电运维一体化已在公司系统普遍实施，而变电运维一体化尚在起步阶段。为指导各单位规范开展变电运维一体化工作，国家电网公司运检部组织编制了《变电运维一体化业务规范》，并结合部分单位实践经验，提出相应指导意见。

1.2　实施变电运维一体化

随着电力行业技术的飞速发展和电网结构迅速扩展，以往电力生产管理模式已越来越难以与之适应。首先，电力设备生产安装质量日趋完善，智能化水平逐步提高，采用设备定期检修模式已不具备科学性，而且容易发生检修过剩，造成人、财、物的不必要浪费；其次，近年来电网结构迅速扩展，维护设备数量几何级增加，大大加大了检修人员的工作压力。因此，探索科学的生产管理模式，减轻一线生产人员的工作压力的同时保证电网运行的安全稳定刻不容缓。

根据“三集五大”中“大检修”的要求，运行专业和检修专业的工作模式将发生较大改变。公司对大检修体系建设的要求是强化资本全寿命周期管理，实施运维、检修一体化管理，实现电网检修维护人、财、物的集中管理和控制，降低生产成本，提高工作效率。由于电网整体规模的不断扩大和人力资源成本的显著提高，电网检修模式将转变到以状态检修为基础，以设备全寿命周期管理模式为抓手的动态检修模式。同时，随着国民经济的快速发展，各级电网的规模指数级的扩大与人力资源匮乏的矛盾非常突出。基于运维一体化的大检修模式是解决这一矛盾的有效手段。在现有组织结构下，如何改变思维方式，推进大检修体系建设，实施运维一体化，对管理人员和生产人员都提出了严峻的挑战。传统生产管理模式变革涉及很多方面，是一个系统工程。在推进变革的同时，继续保持队伍稳定、电网安全和企业发展，管理难度显著增大。同时，生产人员如何适应改革要求，改变自己过去单一知识结构，提升自身各方面的业务技能，同样至关重要。

随着电网建设的不断发展，现有变电运行、检修操作管理模式已突显出不适应现代电网发展的缺点，具体表现为：

（1）现有模式下工作效率低下。随着电网的不断升级改造，各变电运维班（站）所辖220kV、110kV等电压等级的变电站改造扩建工作较多，运行、检修分别执行会导致人员工作步骤烦琐、工作效率低。

（2）原有农网或上划管理的变电站大多设备老旧、型号不一，初期建设标准较低，交由主网管理后变电站主体及一次、二次设备都面临大量综自、技改、大修工作。部分变电站工作根据工作计划需求短时期汇集会产生大量工作任务，现有模式下造成人力、物力资源浪费。

（3）变电站坐落地点一般处于城市周边区域，路途较远，山区变电站交通更为不便，到达工作现场的运输成本很高，同时由于季节性天气影响更容易造成工作延误。在现有模式下，一次停电检修工作时运行单位、检修单位要分别赶到工作现场，对于人员、车辆来说都是资源的重复浪费。

（4）通常情况下在运行人员巡视后，把巡视结果反馈给检修班组安排缺陷处理，这样不但延误了缺陷的处理时间，而且造成了工作任务的重复，检修费用相应增大。运行和检修人员只对各自工作负责，长期会形成对设备、管理区域的含糊认识或人为界定误区，人员的培训及适应不同设备、不同工种的能力受到很大的限制，不利于员工综合业务素质的培养和提高，更容易影响异常情况的及时推进及处理。

有资料显示，未来20年我国用电需求将保持持续快速增长，研究表明到2015年、2020年和2030年，预计我国最大用电负荷将达到10亿kW、14亿

kW和19亿kW，分别相当于2010年的1.5倍、2.1倍和3倍，期间变电容量将继续大幅度增长，变电专业面临的形势与任务十分艰巨。因此，国家电网公司提出变电运维一体化的基本思路是改变原先由运行人员进行设备巡视和现场操作、检修人员进行维护检修的传统生产组织方式，对运行、检修人员进行重组整合，用2～3年时间逐步实现各省（自治区、直辖市）公司80%的运维单位由变电运维班（站）统一负责实施设备巡视、倒闸操作、带电检测、维护性检修业务，以提升变电运维工作效率。并确立了“确保安全，稳步推进；培训先行，素质提升；合理引导，激励保障”的工作原则。上述变电运维一体化的思路、目标与原则，将有利于国家电网迅速适应快速发展的电网需求，创造先进的变电运维管理模式，大大提升我国电力系统的劳动生产效率。

1.3 变电运维一体化的体系建设

要在确保电网安全生产的前提下，选择基础条件好、人员素质高的变电运维班（站）开展变电运维一体化试点，在总结经验和完善规章制度的基础上，逐步推广实施运维一体化建设。在业务整合和人员重组的过程中，调整幅度应能保障队伍的稳定和现有生产业务的有序开展。培训工作应贯穿于实施运维一体化的全过程，着力于人员综合技能和素质的提升，培养出适应开展运维一体化业务要求的运维人员，确保各项运维业务有效实施，做到合理引导、激励保障。运维一体化对现有生产模式进行了较大的调整，运维人员业务范围扩大、技能要求提高、安全责任加大，应采取有效的激励措施，提高运维人员的积极性。所以研究维护工作发展方向，适当调整生产专业人员比例结构，避免员工疲劳作业，同样是保证电网安全运行的重要环节。

1.3.1 机构建设

运维管理一体化：将变电运行、维护性检修业务统一纳入变电运维管理部门，在管理层面实施“运维一体化”。

班组（站）一体化：在变电运维班（站）内，将运行和维护职能归属同一班组（站）。通过员工技能培训，培养既熟悉变电运行业务，又掌握某方面的C、D类检修技能人才，经考试合格，可独立承担运行和维护业务。

实现设备运维业务的完全融合：应注意综合分析运维人员对运维业务技能掌握的熟练程度、运维工作强度和作业风险的高低等因素，科学合理地划分运维合一的检修试验项目和专业化检修试验项目。原则上，应把检修技术难度高、专业协调复杂、规模大、工作量大、作业风险高等类型的项目纳入专业化检修项目，由专业队伍承担。

1.3.2　工作班组（站）建设

在变电运维一体化模式下，运维人员既是工作许可人，又是工作负责人，既要担负运行工作，又要完成检修工作，无论从专业技能，还是人员数量上都有新的要求。当前阶段正处于过渡时期，为解决现阶段缺少一岗多能、一专多能的复合型运维人才问题，在过渡阶段可以组建（2＋X）小组模式，即 2 个运行人员、X 个检修人员为一个工作小组，可以根据检修工作任务的大小和难易，变换检修人员的数量和专业比例。在一般情况下，X 为 2，即：变电运行（2 个）＋一次检修（1 个）＋二次保护（1 个）＝运维工作小组，小组成员相互配合、相互监督、相互学习，可以完成一般情况下的设备巡视、倒闸操作、事故处理、设备检修等任务，可以消除一般缺陷。特殊情况下，比如遇到危急缺陷和严重缺陷，X 可以根据工作内容的复杂程度和需求而变化。这种模式适应于变电运维一体化过渡时期，此时期需要严格编写运维标准化作业指导书。因为标准化作业指导书是规范管理工作的关键环节，涉及的专业、工序和标准、规程、规范、措施很多，既涵盖现场作业人员的组织及分工，又包括施工具体流程、标准、危险点及防范措施。运维一体化工作相当于整合运行和检修工作，运维人员既是工作许可人，又是工作负责人，劳动强度增大、安全风险增加，同时安全监督环节容易缺位。因此，运维标准化作业指导书有着能够有效规范操作，降低安全风险的特点。

1.3.3　标准制度及作业流程改革

推进大检修体系建设、实施运维一体化是一个系统工程。加快建立协调统一适应新形势的技术标准、制度标准、管理标准和工作标准体系，不断优化现场检修标准化作业流程，进一步以提高检修工艺，深化检修现场作业的全过程细化、量化、标准化，提高安全管理和监督的实效，保证作业过程处于“可控、在控、能控”状态，有效避免作业风险，从而确保变电设备安全可靠地运行。

运维管理部门需要根据基层的实际情况制订出标准，标准化作业指导书可以有效地对各项工作进行规范，其中的内容涉及多个方面。指导书不仅仅涵盖现场作业人员的组织与分工，同时还包括施工的具体流程、标准以及危险点和相应的防范措施。结合原有的运行和检修标准化作业指导书，针对运维工作中具有安全性、重复性特点的作业进行辨识并编写指导书。编写时应注意一要逐层细化工作重点，将各项作业切实对应到各项指导条目中；二要高度重视运行方式，设备各异的变电站中人存在行为差异，要求将运维作业分解到点，将作业周期、前期准备、存在危险点和防范措施细化融入到各项指导执行条目中；三要跨专业、多层次广泛讨论，使得指导书真正具有科学性和操作性，并通过运维人员集中学习、现场试运行等方法，分析反馈意见，修订完善作业指导书，真正使编写的各项作业指导书切实有效。新编写的作业指导书中需要逐层对工作重点进行细化，将每一项作业都对应到相应的指导条目中去。对运维作业进行合理的分解，将在各个时期中的危险点与相应的应对措施都融入到具体的指导执行条目中去。同时还必须积极对基层实施后的意见进行收集，并进行快速的修改和完善。

“两票”，即电力生产建设工作中的工作票和操作票，它是电力系统允许工作和从事操作的书面命令和依据，是防止误操作、保证人身安全的重要措施。运维一体化的实施让传统的“两票”难以有效发挥出作用，使得运维一体化在实施过程中需要面临各种风险。因此，可以将“两票”根据运维一体化的具体特点来进行补充完善。“两票”的补充和完善，不仅要以标准化流程图为参考依据，还应对工作许可、工作终结、操作准备、接令、操作票填写、核对图板、操作监护和质量检查等执行全过程标准化；要针对运维工作劳动强度增大、安全风险增加、安全监督环节容易缺位等问题，在“两票”内容补充危险点分析条目，明确危险点，有针对性做好控制措施，有效杜绝人身伤亡事故。

1.4 变电运维一体化的管理应用

运维一体化工作的不断推进与实施，需要不断加强生产精益化管理水平、优化调整业务管理流程，确保变电运维一体化工作的顺利实施，还要分别从管理职责、运维管理、安全管理等方面阐述新模式下的管理要求。

1.4.1 管理职责

（1）省级电网公司运维管理部门。

省级电网公司运维管理部门应贯彻执行上级颁发的各项标准、制度，并督促实施，是变电站运维工作归口管理部门。

主要负责制订、修订变电站相关管理规定和制度；负责新建变电站和改扩建变电工程的交接验收和生产准备工作及变电站防误操作技术和变电站交直流电源技术等管理，做好现场技术指导，针对专业工作中存在的问题，提出反事故措施，并督促检查落实以及变电站缺陷管理，督促消除变电站各类缺陷；组织开展变电站检查评比和专业交流，提出专业培训计划；负责有关各类报表的统计和上报工作，做好生产管理系统变电运维专业功能应用管理工作；参加变电站事故调查、分析，提出改进意见。

（2）省级电网公司调度控制中心。

省级电网公司调度控制中心负责全省 500kV 变电站的运行方式、设备运行状态信息的收集、确认、监视工作，依照有关单位及部门下达的监视参数进行运行限额监视，接受、转发、执行所辖变电站的上级调度指令，在规定范围内进行遥控、遥调等操作。

负责所辖变电站无功电压调整工作，按照上级调控部门下达的电压曲线或调度指令及时投切无功补偿装置，对所辖变电站视频监控、安防系统、在线监测等辅助设施的运行状况及相关数据进行监视，发现异常及故障情况应及时通知现场运维人员检查处理，对所辖变电站的监控主站系统监控信息、画面等功能进行验收；负责与各级调度、现场运维人员之间的业务联系，发现设备异常及故障情况应及时向上级调度汇报，通知现场运维人员进行现场事故及异常检查处理，按调度指令进行事故异常处理；负责利用视频监控系统定期对变电站设备及设施进行远程巡视工作；并且按规定完成各类报表的编制上报工作；最后做好现场技术指导工作，针对专业工作中存在的问题，提出反事故措施，并督促检查落实。

（3）省级电网公司直属检修公司。

省级电网公司直属检修公司应贯彻执行上级颁发的各项标准、制度和反事故措施，并制定实施细则，负责全省 500kV 变电站运维管理。

主要职责为监督检查各变电站运维管理工作开展情况，及时解决存在的问题；负责实施生产准备工作及参加基建工程验收启动；组织开展变电运维专业安全性大检查活动及变电运维专业技能竞赛、劳动竞赛、技术培训和专业交流活动；开展设备缺陷管理，做好缺陷处理，做好生产管理系统变电运维专业功能应用管理工作，审核上报各类运维专业报表。

（4）地市级电网公司运维管理部门。

地市级电网公司运维管理部门应贯彻执行上级颁发的各项标准、制度和反事故措施，并制定实施细则。

负责所辖范围内 220kV 及以下变电站运维管理。负责监督检查变电站运维管理工作开展情况，及时解决专业中存在的问题；开展设备缺陷管理，做好缺陷处理及基建工程验收启动和生产准备工作；组织开展变电运维专业安全性大检查活动和变电运维专业技能竞赛、劳动竞赛、技术培训和专业交流活动；做好生产管理系统变电运维专业功能应用管理工作并且审核上报各类运维专业报表。

（5）地市级电网公司调度控制中心。

地市级电网公司调度控制中心负责所辖 220kV、110kV（66kV）、35kV 变电站的运行方式、设备运行状态信息的收集、确认、监视工作，依照有关单位及部门下达的监视参数进行运行限额监视；负责所辖变电站无功电压调整工作，按照上级调度部门下达的电压曲线或调度指令及时投切无功补偿装置，视频监控、安防系统、在线监测等辅助设施的运行状况及相关数据的监视，发现异常及故障情况应及时通知现场运维人员检查处理以及对监控主站系统监控信息、画面等功能进行验收；负责变电站新建、扩建、改造后“五遥”功能的验收等工作；负责与各级调度、现场运维人员之间的业务联系，发现设备异常及故障情况应及时向相关调度汇报，通知现场运维人员进行现场事故及异常检查处理，按调度指令进行事故异常处理；负责接收、转发、执行所辖变电站的上级调度指令，在规定范围内进行遥控、遥调等操作，负责利用视频监控系统定期对变电站设备及设施进行远程巡视工作；按规定完成各类报表的编制上报工作。

1.4.2 运维管理制度

此部分与传统运行管理在值班制度、交接班管理、巡回检查制度、定期试验轮换制度、运维分析制度、运维班（站）记录管理、反事故措施管理等方面基本一致，针对新的工作内容有所更新，但在二次系统安全防护管理、二次系统数据定期备份管理、生产管理系统（PMS）管理、电网资源图形管理等方面都是根据目前运维一体化的总体要求新增加的部分，详细地对运维管理进行了细化和明确。

1.4.2.1 值班制度

值班期间，应穿戴统一的值班工作服和值班岗位标志，必须坚守工作岗位，履行工作职责，遵守劳动纪律，不得擅离职守或从事无关工作，并应 24h 保持通信畅通。如有特殊情况，应经批准，履行交接手续后方可离开岗位，要服从指挥、尽职尽责，按照相关管理规定完成当值对各无人值班变电站的定期运行维护、倒闸操作、异常事故处理和其他管理工作等，值班期间进行的各项工作，都要填写相关记录和进行生产管理系统信息录入。变电运维班值班连续时间不宜超过48h，应事先制定好值班方式和交接班时间，不得擅自变更。特殊天气情况和特殊运行方式下，变电运维班（站）应加强值班力量，做好事故应急处理工作准备。

1.4.2.2　交接班制度。

（1）交接班的主要规定。

交接班时应遵循准时、严肃、前后衔接、手续清楚、责任明确的原则。交接班工作应由指定负责人组织进行，不得随意变更。交班人员应认真填写生产管理系统中的运行日志和有关记录，提前做好交班准备。接班人员应于规定时间前到达班组（站），查阅交接班记录，认真了解管辖设备的运行方式、运行状况，了解有关运行工作事项。交接班前、后30min内，一般不进行重大操作。在处理事故或倒闸操作时，不得进行交接班；交接班时发生事故，应停止交接班，由交班人员处理，接班人员在交班值班长指挥下协助工作。在交接班过程中，如接班人员有疑义时，交班人员必须核对解释清楚，双方确认无误后再履行交接手续，否则，接班人员有权拒绝接班。未办完交接手续之前，交班人员不得擅离职守。接班人员在交接班时应认真听取、仔细核对，确认无误后，方可接班。办理完交接手续后，交接班工作方告结束。

（2）交接班的主要内容。

交接班的主要内容包括：

1）所辖变电站的一、二次设备运行方式的变动情况。

2）缺陷、异常、事故的发生及处理情况。

3）各项操作任务的执行情况，包括执行中的工作票和未执行的操作任务。

4）工作票的执行情况，现场安全措施及接地线组数、编号、位置等情况。

5）自动化设备的运行情况、消防管理及视频监控、变电站防盗情况。

6）现场安全用具、钥匙、车辆及有关备品备件情况。

7）各种记录、资料、图纸的收存保管情况。

8）遗留工作和注意事项等。

9）上级领导的有关指示及其他事项。

1.4.2.3 巡回检查制度

(1) 巡视要求。

变电运维人员应认真巡视设备，发现异常和缺陷后及时汇报调度和有关上级，应杜绝人为责任事故的发生；对各种值班方式下的巡视周期、次数、内容，各单位应做出明确规定，宜根据设备状态评价结果及运行年限等适时开展状态巡视；智能变电站的设备巡视检查内容及周期，应根据智能设备本身具体要求制定；开展远程巡视的变电站，可适当调整正常巡视的内容和周期。

(2) 巡视的分类。

变电站的设备巡视检查，分为正常巡视（含交接班巡视）、熄灯巡视、全面巡视和特殊巡视。

1）正常巡视指对站内设备进行全面的外部检查。

2）熄灯巡视指夜间熄灯开展的巡视，重点检查设备有无电晕、放电，接头有无过热现象。

3）全面巡视指对站内一、二次设备以及防误装置、安防装置、动力照明、备品备件、安全工器具等设施进行全面检查；巡视次数应符合当地省级公司变电站巡视管理规范要求，可结合正常巡视或红外测温进行。

4）特殊巡视指因设备运行环境、方式变化而开展的巡视。特殊巡视根据实际需要安排。特殊巡视的内容包括：

——大风前后的巡视。

——雷雨后的巡视。

——冰雪、冰雹、雾天等恶劣天气时的巡视。

——设备变动后的巡视。

——设备新投入运行后的巡视。

——设备经过检修、改造或长期停运后重新投入系统运行后的巡视。

——异常情况下的巡视。主要是指过负荷或负荷剧增、超温、设备发热、系统冲击、跳闸、有接地故障情况等，此时应加强巡视，必要时，应派专人监视。

——设备缺陷有发展时、法定节假日、上级通知有重要供电任务时，应加强巡视。

1.4.2.4 定期试验轮换制度

变电运维班（站）应结合本地区气象、环境、设备情况等制订定期试验、切换、维护工作计划，执行试验、切换、维护工作时应遵守保证安全的组织措施和技术措施；变电站定期试验、轮换项目包括一、二次设备，备用电源，通风系统，消防，照明等辅助设施的测试、切换、检查等工作。

1.4.2.5　运维分析制度

运维分析指对所辖变电站的运维管理情况进行分析，使运维人员掌握运行现状，找出薄弱环节，制定防范措施，提高运行工作质量和运维管理水平。运维分析涵盖综合分析、专题分析两种。综合分析由值班长组织全体运维人员参加，变电运维班（站）根据需要开展有针对性的专题分析。变电运维班（站）每月开展一次综合分析，对影响安全运行的因素、运行管理上存在的问题提出建议或措施。其中综合分析的主要内容包括：

1）根据设备运行状况和发现的缺陷，提出注意事项，对可能出现的问题制定对策。

2）分析两票执行过程中存在的问题。

3）提出培训重点。

4）根据设备试验、检修中发现的问题，提出注意事项和措施。

5）根据季节性特点，提出具体工作要求。

6）根据电力系统运行中的事故教训进行分析，结合实际情况对照检查，找出漏洞，制定措施。

7）分析巡视检查和倒闸操作中的注意事项，提出合理化建议。

8）根据所辖设备薄弱点和运维管理上的需要，向上级提出改进措施和建议。

专题分析由值班长组织有关人员进行，应根据运维中出现的特定问题，制定对策、及时落实，并向有关上级汇报。

1.4.2.6　二次系统安全防护管理

在变电站二次系统上使用的移动存储器、硬盘等存储介质和便携式计算机必须专用专管、明确标识；厂家人员在二次系统上进行软件升级、维护、检修工作，使用存储介质前必须进行格式化、杀毒；在变电站二次系统上进行软件升级、维护、检修、定值修改等工作时应办理相应工作票。

1.4.2.7　二次系统数据定期备份管理

当软件发生修改、升级等变动后，应备份软件程序，在台账上详细注明改动的部分、改动的日期、版本号、改动单位、调试或试验日期、责任人等；对故障录波、事件记录、运行数据记录、报警记录、测距记录等运行数据进行定期备份。

1.4.2.8　运维班（站）记录管理

运维班（站）应具备所辖范围的各类完整的记录，格式可由各单位自行制定，各种记录至少保存1年，重要记录应长期保存，可以根据实际情况适当增设有关记录；各种记录按格式要求填写，并保证清晰、准确、无遗漏；生产管理系统中具备的记录可按具体执行情况留存电子记录。

1.4.2.9　反事故措施管理

运维班（站）应根据上级反事故技术措施的具体要求，对本班（站）设备的措施落实情况进行检查，并针对问题及时督促落实；配合主管部门按照反事故措施的要求，分析设备现状，制订落实计划；做好反措执行单位施工过程中的配合和验收工作，对现场反措执行不利的情况应及时向有关部门反映；变电站进行大型作业，应提前制定本班（站）相应的反事故措施，确保不发生各类事故；定期对变电站反事故措施的落实情况进行总结、备案，并上报有关部门。

1.4.2.10　生产管理系统（PMS）管理

生产管理系统内组织机构人员权限应配置正确。运维班（站）应明确专职（或兼职）人员负责生产管理系统的业务应用管理工作；在变电站新设备投运前应及时将生产管理系统内相关设备台账建立完善到位，设备信息建立时限符合规范时限要求。新设备投运后应根据运行信息及时维护生产管理系统内各种运行记录，保证记录数据的正确、齐全；生产管理系统出现故障无法正常运行时，应使用纸质记录完成相关生产业务，在生产管理系统恢复正常后及时补录相关数据。

1.4.2.11　电网资源图形管理

根据公司有关要求，电网GIS平台与业务应用系统集成主要分为电力统一推广建设的专业应用及各单位按照“急用先行”的原则自行建设的专业应用系统。

电网GIS平台中的变电建模要求在地理图中绘制变电站位置，位置信息应准确，变电站信息（业务系统ID、变电站名称、变电站类型、电压等级、所属城市、污秽等级、运行状态等）维护应正确，打开站内图时，绘制的站内一次接线图应与现场实际接线情况吻合，拓扑检测无问题。

变电专业应设置专职（或兼职）人员负责电网GIS空间信息服务平台变电模块的业务应用管理工作，每月巡检指标均应符合要求，具体巡检指标见图1-1。

运维班（站）GIS应用人员应及时完成日常工作中正常的异动流程，并对平台进行生产数据的日常维护。

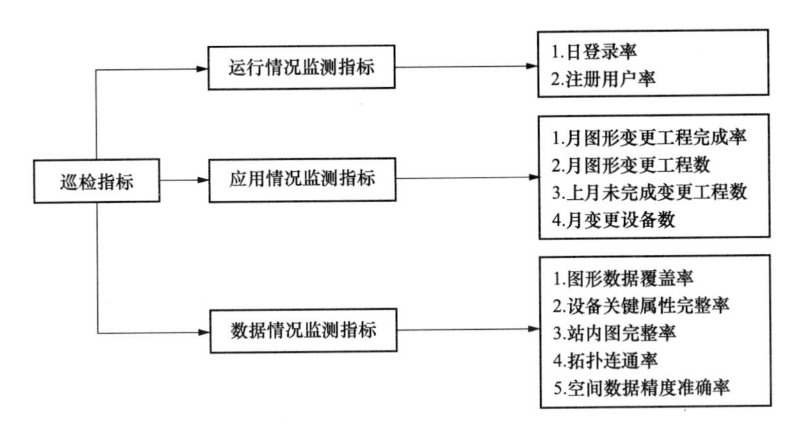

图1-1　变电巡检指标

1.4.3　安全管理

1.4.3.1　工作票管理

运维班（站）工作票管理应遵循《国家电网公司电力安全工作规程（变电部分）》（简称《安规》）中的有关规定，工作票签发人应由熟悉人员技术水平、熟悉设备情况、熟悉安全规程的生产领导、技术人员或经本单位分管生产领导批准的人员担任。工作票签发人、工作负责人、工作许可人名单应由安全监察质量部每年审查并书面公布。

1.4.3.2　倒闸操作管理

运维班（站）倒闸操作管理应遵循《安规》和各省公司倒闸操作标准化作业指导书（卡）中的有关规定，各单位要结合实际制定倒闸操作制度或实施细则。

1.4.3.3　防误闭锁装置管理

（1）防误闭锁管理。

各单位要严格执行公司防止电气误操作工作的有关规定，并制定相应的管理规定，明确防误闭锁装置的运行维护职责。变电站现场运行规程应明确对防误装置的使用规定。

凡新建、扩建、改建的变电站防误装置应做到“三同时”，即与主体工程同时设计、同时安装、同时投产，发现防误功能不满足“五防”要求的，运维单位有权拒绝设备的投运。高压电气设备都应安装完善的防误操作闭锁装置。

防误操作闭锁装置不得随意退出运行，停用防误操作闭锁装置应经本单位分管生产领导或总工程师批准。防误闭锁装置应保持良好的运行状态，发现缺陷应定性为严重及以上缺陷记录并及时上报。防误装置的巡视检查应与主设备巡视同时进行。防误闭锁回路的图纸必须齐全，并符合现场实际。采用独立微机防误装置和监控防误系统的，变电站现场或变电运维班（站）必须具有防误联锁逻辑规则表。电气设备的防误闭锁功能因故失去暂时无法恢复的可加挂普通挂锁作为临时补救措施。

（2）解锁操作管理。

1）防误装置及电气设备出现异常、特殊情况造成非程序操作时（如新设备送电定相等）要求解锁操作，应由运维检修管理部门防止电气误操作专责人到现场核实无误，确认需要解锁操作，经专责人同意并签字履行手续后，方可解锁操作，现场操作前要告知调度。操作时增加第二监护人。

2）若遇危及人身、电网和设备安全等紧急情况需要解锁操作，可由运维班值班长（运维站站长）下令紧急使用解锁工具（钥匙）。操作时如具备条件应增加第二监护人。

3）电气设备检修时需要对检修设备解锁操作，应经运维班值班长（运维站站长）批准。操作时增加第二监护人。

4）使用解锁钥匙必须在防误装置解锁记录簿上记录启封时间、启用原因、操作项目、操作人、监护人、第二监护人、批准人，使用后放回原地及时封存或锁好解锁钥匙管理机箱门，并记录封存时间、封存人（运维班值班长或运维站站长）姓名。

1.4.3.4　安全工器具的管理

运维班（站）安全工器具配置应按照最新的《国家电网公司电力安全工器具管理规定（试行）》相关要求执行。

各种安全工器具应有适量的合格备品，应有明显的编号，绝缘杆、验电器等绝缘工器具必须有电压等级、试验日期的标识，必要时配置防雨罩，应有固定的存放处，存放处清洁干燥，注意防潮、防结露，使用前应认真检查，发现损坏者应停止使用并尽快补充，工器具均应按《安规》规定的周期进行试验，试验合格后方可使用，不得超期使用。

携带型地线必须符合安全规程要求，接地线的数量应能满足本站需要，截面满足装设系统短路容量的要求。导线应无断股、护套完好、接地线端部接触牢固、卡子应无损坏和松动，弹簧有效。存放地点和地线本体均有编号，存放要对号入座。

各种标示牌的规格应符合安全规程要求，并做到种类齐全、存放有序。安全帽、安全带应完好，数量能满足工作需要。

1.4.3.5　安全标识管理

运维班（站）各类安全标识牌设置规范参照《国家电网公司安全设施标准》执行，应统一、规范，并清晰醒目，且与设备标志相协调。停电工作使用的临时遮栏、围栏网、布幔和悬挂的各种标示牌应符合现场情况和《安规》的要求。变电站内应有限高、限速、各电压等级安全距离标志。变压器、设备构架的爬梯上应悬挂“禁止攀登，高压危险”的标示牌；变电站蓄电池室和电缆夹层应有“禁止烟火”标志；GIS 等户内 SF_6 设备场所入口，应有“注意通风”标志等。

1.4.3.6　钥匙管理

运维单位应明确钥匙管理的相关要求，宜实行分级管理，避免无授权进行的随意开锁。

运维班（站）所属变电站钥匙包括变电站大门及各房门间钥匙、各类机构箱、端子箱钥匙、变电站防误系统解锁钥匙、切换开关钥匙等，现场应设置常用钥匙箱及备用钥匙箱，实现主备配置、定置管理。高压室的钥匙至少应有 3 把，由运维人员负责保管，按值移交。1 把专供紧急时使用，1 把专供运维人员使用，其他可以借给经批准的巡视高压设备人员和经批准的检修、施工队伍的工作负责人使用，但应登记签名，巡视或当日工作结束后交还。当变电站内有检修或其他工作时，根据工作需要，变电运维班（站）当值人员可出借所需钥匙给工作负责人，并做好相应钥匙借用记录；可操作运行设备的端子箱、机构箱、汇控箱、二次屏柜等钥匙不能外借，确有需要应由运维人员按工作票工作范围开箱门后并收回钥匙。

钥匙使用情况应列入交接班内容。日常巡视时，应对钥匙箱进行检查。变电站的锁具运维人员应定期检查维护，防止损坏或严重锈蚀情况的发生。

1.4.3.7　应急管理

运维班（站）的应急方案是指针对重大人员伤亡、电网大面积停电、电力设施大范围受损、重要用户停电和突发自然灾害等情况下的现场应急处置方案。

各单位应制定并定期完善运维班（站）现场应急处置方案，并认真组织宣贯。现场应急处置方案的编制应以保证人身、电网和设备安全为优先原则。现场应急处置方案中应明确应急启动流程与相关人员的职责。运维班（站）应结合实际工作情况，每年定期组织开展应急处置方案的演练，并做好相关记录，提高突发情况下的应急处置能力，根据工作实际储备必备的应急物资，实行动态管理。运维人员应熟悉本单位的应急处置流程，能正确应对紧急状况。在应对紧急状况时，无人值班变电站可根据实际情况恢复有人值班管理。

1.5 变电运维一体化的综合考评

随着变电运维一体化的深入推进，变电运维管理部门应明确业务范围及人员职责，加强变电运维专业的交界面管理，制定交界面管理规定，明确交界面界限，避免出现作业环节中的管理疏漏、职责不清。同时运维人员应逐步具备多种能力，不断提高综合素质及业务水平，以满足全面开展运维工作的需要。为确保电网设备安全运行，人身安全得到保障，运维管理部门应对实施运维一体化的安全生产工作制定考核方案，明确考核细则，对变电运维的综合考核应包含对运维班（站）的管理考核及对运维人员的管理考核两方面。

1.5.1 变电运维人员综合素质及维护业务基本内容和要求

新的运维工作要求取代由运行人员进行设备巡视和现场操作而由检修人员进行维护检修的传统工作方法，转换为新型变电运维一体化将设备巡视、现场操作、维护（C、D类检修）业务和运行检修人员进行重组整合，按照近期、中期、远期三个阶段，逐步推行运维一体化管理。运维站负责所辖变电站常规倒闸操作等运行业务和变电设备的维护类检修业务。

1.5.1.1 变电站倒闸操作

变电站的电气设备所处的状态可分为运行、热备用、冷备用和检修四种不同的状态。所谓电气倒闸操作是将某些回路中的隔离开关、断路器合上或拉开使电气设备从一种状态转换到另一种状态而进行的一系列操作（包括一次、二次回路）和进行有关拆除或安装临时接地线等安全措施。倒闸操作的目的是改变设备的使用状态。

1.5.1.2 变电站维护类检修

对设备的定期巡维检查是及时掌握设备的运行情况、变化情况、发现设备的异常情况，确保设备连续安全运行的主要措施。在国家电网公司“三集五大”体系建设的指导下，各公司都在推行变电站维护类检修与运行业务的融合，实现变电设备 C、D 类检修工作与运行巡视、倒闸操作、日常维护等业务均由变电运维人员统一实施的工作模式即实施运维一体化，旨在提升变电运维工作的效率和效益。

维护类检修指《输变电设备状态检修导则》中所列无须使用大型机械，不涉及复杂停电及安全措施，不涉及设备整体或重要部件更换、设备大范围拆卸及带电作业的 C、D 类检修工作。维护类检修具体内容见表 1-1。

表 1-1　典型维护类检修项目目录

设备	级别	序号	运维项目	近期目标	中期目标	远期目标
变压器	C级	1	例行试验			●
		2	停电瓷件表面清扫、检查、补漆			●
	D级	3	普通带电测试：红外测试、铁芯接地电流、接地导通、接地电阻等	●	●	●
		4	专业带电测试：超高频和超声波局放检测、油色谱带电检测分析等			●
		5	带电维护：硅胶更换等	●	●	●
		6	散热器带电水冲洗		●	●
		7	专业巡检		●	●
		8	不停电渗漏油处理		●	●
		9	冷却系统的指示灯、空气断路器更换	●	●	●
		10	冷却系统的风扇、电机更换等			●
		11	变压器油色谱在线监测装置载气瓶更换、渗油处理		●	●
断路器	C级	12	例行试验			●
		13	操动机构检查			●
		14	停电外观清扫、检查、补漆			●
	D级	15	普通带电测试：红外测试、SF_6 气体定性检漏	●	●	●
		16	专业带电测试：SF_6 组分分析			●
		17	不停电操动机构处理		●	●
		18	专业巡检		●	●

续表

设备	级别	序号	运维项目	近期目标	中期目标	远期目标
隔离开关	C级	19	停电清扫			●
		20	导电回路检查、维护			●
		21	接地开关检查			●
		22	传动部件检查、维护，加润滑油			●
		23	机构箱检查			●
	D级	24	带电测试：红外检测	●	●	●
		25	不停电操动机构处理		●	●
电流互感器	C级	26	例行试验			●
		27	停电外观清扫、检查、补漆			●
	D级	28	普通带电测试：红外检测、接地导通等	●	●	●
		29	专业带电测试：相对介损			●
		30	带电防腐处理	●	●	●
		31	专业巡检		●	●
电压互感器	C级	32	例行试验			●
		33	停电清扫、维护、检查			●
	D级	34	带电测试：红外、接地导通等测试	●	●	●
		35	电压互感器熔丝更换	●	●	●
		36	专业巡检		●	●
母线	C级	37	母线桥清扫、维护、检查、修理			●
	D级	38	带电测试：红外测试	●	●	●
		39	专业巡检		●	●
避雷器	C级	40	例行试验			●
		41	停电清扫、维护、检查			●
	D级	42	带电测试：红外、接地导通测试等	●	●	●
		43	带电测试：阻性电流等技术		●	●
		44	专业巡检		●	●
		45	在线监测仪更换		●	●
耦合电容器	C级	46	例行试验			●
		47	停电清扫、维护、检查			●

续表

设备	级别	序号	运维项目	近期目标	中期目标	远期目标
耦合电容器	D级	48	带电测试：红外、接地导通等测试	●	●	●
		49	带电测试：相对介损、高频局放等测试技术		●	●
		50	专业巡检		●	●
继电保护及自动装置	C级	51	保护装置及二次回路例行试验			●
		52	保护装置及二次回路诊断性试验			●
		53	保护装置插件或继电器更换		●	●
		54	保护装置程序升级、版本更新			●
		55	保护通道联调：光差通道、高频通道			●
		56	保护及自动装置改定值		●	●
		57	保护装置停电消缺、反措			●
	D级	58	保护差流检查、通道检查	●	●	●
		59	继电保护专业巡视			●
		60	二次设备红外测温：保护装置、二次回路	●	●	●
		61	故障录波器缺陷：通信中断、无法调取、装置故障、黑屏、死机、装置告警、无法录波		●	●
		62	保护子站缺陷：通信中断、丢帧严重处理、版本升级、死机、黑屏、无法启动、硬盘损坏、装置告警处理		●	●
		63	GPS类装置缺陷处理：对时开出异常检查、装置异常检查、对时开入不准检查、对时芯片升级、更换		●	●
		64	交流设备缺陷：加热器更换、灯泡更换、打印机工作不正常	●	●	●
		65	保护设备屏柜内不停电消缺：门柜玻璃、门柜门锁、开关等缺陷处理	●	●	●
		66	二次封堵	●	●	●

续表

设备	级别	序号	运维项目	近期目标	中期目标	远期目标
监控装置	D级	67	专业巡检		●	●
		68	自动化信息核对	●	●	●
		69	后台监控系统装置除尘（包括UPS、后台主机等）	●	●	●
		70	监控系统及测控装置红外测试	●	●	●
		71	后台机、远动机重启	●	●	●
		72	测控装置一般性故障维护（通信故障、遥测不刷新等）		●	●
		73	常规、紧急缺陷处理（不停电）		●	●
直流系统	D级	74	带电监测：红外检测等	●	●	●
		75	带电测试：直流装置纹波系统，稳压、稳流精度等测试		●	●
		76	蓄电池动、静态放电测试，定期切换试验	●	●	●
		77	外观清扫、检查	●	●	●
		78	专业巡检		●	●
站用电系统	D级	79	带电监测：红外检测等	●	●	●
		80	带电维护：外观清扫、检查，定期切换试验	●	●	●
		81	专业巡检		●	●
电容器组	C级	82	清扫、维护、检查、修理			●
	D级	83	专业巡视		●	●
		84	带电测试：红外测试等	●	●	●

1.5.2 变电运维综合考核

为确保作业安全和质量，运维班（站）要在确定的作业项目范围内开展工作，由运维管理部门及安全监察部门共同审查确定阶段性实施的维护性检修作业项目，运维人员要经技能资格考试合格，并在保证安全的技术措施及组织措施完备的前提下进行工作。由此，对变电运维的综合考核应包含对运维班（站）的管理考核及对运维人员的管理考核。

1.5.2.1 运维班（站）管理考核

省级电网公司应根据工作需要定期检查、督促各单位的变电运维管理工作，分析存在的主要问题，制订解决措施。各单位应结合本单位具体情况制定变电运维管理考核办法。管理考核应遵循以下流程：

1）运维班（站）根据所辖变电站设备实际运维情况，提出运维工作计划。

2）运维室根据上级部门的工作安排及运维班（站）提出的运维工作计划，编制生产计划并上报检修公司（省、市）运维管理部门。

3）运维管理部门对上报的生产计划进行审核并下达。

4）运维室依据下达的生产计划，组织运维班（站）全面实施，确保计划刚性执行。

5）运维室要对运维班（站）的计划执行情况进行检查、指导、考核。

1.5.2.2　运维人员培训及考核

（1）培训管理。

运维班（站）应根据变电运维管理培训计划的要求，结合本班（站）具体情况制定年度培训计划，各项内容应明确负责人和完成期限。培训要达到运维工“三熟三能”的要求，主要内容包括：

1）电工基础知识。

2）变电站电气设备的构造、基本原理和性能。

3）继电保护及自动装置的接线、原理。

4）倒闸操作技术规范和事故处理原则及有关规章制度。

5）运行中的安全技术问题。

6）一、二次设备的一般检修、试验知识和维护方法。

7）运维站综合自动化系统、计算机基础知识。

8）运维站通用运行规程及现场运行规程。

各单位针对运行中存在的关键问题，技术薄弱环节或新投设备、新技术的采用等，每季至少组织一次技术讲座，定期对运维人员进行仿真培训，按个人岗位培训情况做好记录。

（2）考核管理。

各变电运维管理部门每年组织一次考核，考核实施细则由管理部门制定。考核的主要内容包括岗位动态考试，《安规》、现场运行规程考试，站内培训考试，日常工作表现评价，工作业绩等。各变电运维管理小组根据各级人员（包括预备岗）的工作业绩和考试成绩评分，确定人员岗位名单，并报变电运维管理生产技术部门及培训部门。对于辅助岗人员，由本人提出申请，经站内评价和变电运维管理考核，并经培训部门组织考试合格后，向局劳资部门申请；对于操作人岗位降级的运维人员，自动成为辅助岗人员。

考核应采取公正、公开、公平的形式进行考核，考核应采用集中考试与平时考核相结合的方式进行，注重考核运维人员对相关规程、制度的掌握程度、事故处理反映能力和实际动手能力。

各运维班（站）对运维人员的考核必须严格，做到能上能下。因考核不严格造成相关运维人员不能胜任工作并产生一定后果的单位，运维管理部将对相关的管理人员进行考核。

1.5.3 安全生产责任制及责任追溯

1.5.3.1 安全生产责任制

安全生产是电网的首要工作，是保证电网运行的根本。各单位要树立安全第一的思想，实行安全生产责任制。安全生产责任制是根据我国“安全第一，预防为主，综合治理”的安全生产方针和安全生产法规建立的各级领导、职能部门、工程技术人员、岗位操作人员在劳动生产过程中对安全生产层层负责的制度。安全生产责任制是企业岗位责任制的组成部分，是企业中最基本的安全制度，也是企业安全生产、劳动保护管理制度的核心。实践证明，凡是建立健全了安全生产责任制的企业，各级领导重视安全生产、劳动保护工作，切实贯彻执行党的安全生产、劳动保护方针、政策和国家的安全生产、劳动保护法规，在认真负责地组织生产的同时，积极采取措施，改善劳动条件，危险事故就会减少。反之，职责不清，相互推诿会使安全生产工作无法进行。

1.5.3.2 责任落实及追溯

各部门认真贯彻执行上级有关安全生产的规程规范，各级行政负责人应掌握上级安全生产动态，定期研究安全工作，对安全生产负全面领导责任。变电运维班（站）应设置站长、专业技术工程师和安全专职等岗位，配置合理数量的运维技工，根据运维班（站）实际工作开展情况，制定岗位职责、明确责任分工，确保作业到位、责任明晰。部门负责人领导编制和实施本部门中、长期整体规划及年度、特殊时期安全工作实施计划；建立健全本部门的各项安全生产管理制度、奖罚办法及安全生产的保证体系，保证安全技术措施经费的落实；支持安全管理部门或人员的监督检查工作；建立健全事故应急救援预案，并组织定期演练，发生事故时积极救援；在事故调查组的指导下，负责人负责组织本公司有关部门或人员，做好重大伤亡事故调查处理的具体工作和监督防范措施的制定和落实，预防事故重复发生。运维班（站）运维人员岗位职责严格遵照运维管理规范。

省级电网公司应加强变电运维一体化工作管理，完善一体化检查、考核、整改制度，强化过程管控，及时分析解决存在的主要问题，建立闭环管理机制。省级电网公司验收领导小组定期及不定期对运维管理部门以及相关部门变电运维一体化工作开展情况进行检查考核。各单位应结合本单位具体情况制定考核制度，明确目标、落实责任，做好生产准备工作，为工程的“零缺陷”启动和电网的安全稳定运行创造条件。变电运维工作实行责任追究制度，对责任不落实、工作效果差的单位及工作不到位造成电网或设备事故的单位按照责任追究原则予以考核，追究相关人员的责任。

1.6　新形势下的变电运维一体化工作

当前变电运维一体化工作按照《国家电网公司关于修订印发“三集五大”体系建设方案的通知》（国家电网体改〔2013〕1326 号）要求及所提出的推进变电运维一体化工作六项具体意见，公司运检部对变电运维一体化工作指导意见进行了部分内容的修订，建立在原有的基础上更加细致明确了实施要求及相关标准。

根据实际情况，对运维一体化工作提出了以下工作指导原则：

1）加强管控，确保安全。坚持安全第一，强化运维一体化各项目作业过程安全风险管控，严格执行现场工作票、标准化指导书（卡），确保作业质量和安全。

2）统筹协调，加强配合。加强人资、安质、运检等部门在变电运维一体化推进工作中的配合，建立横向协同的常态工作机制，形成合力，共同推动变电运维一体化工作全面开展。

3）循序渐进，平稳推进。坚持循序渐进，按照“培训一项、合格一项、开展一项”的原则，根据各单位实际情况，有序开展作业项目，确保变电运维一体化工作平稳开展。

根据 2014 年年底在公司系统全部变电运维班组全面开展变电运维一体化工作的目标，优化运维一体化推广项目并要求变电运维班组全面开展“变电运维一体化作业项目目录”中的项目，变电运维一体化作业项目内容见表 1-2。

表 1-2　　变电运维一体化作业项目目录

设　备	序号	运 维 项 目
通用	1	设备巡视
	2	室内和室外高压带电显示装置维护
	3	地面设备构架、基础防锈和除锈
带电检测	4	一次设备红外检测
	5	二次设备红外检测
	6	开关柜地电波检测
变压器（油浸式电抗器）	7	端子箱、冷控箱体消缺
	8	端子箱、冷控箱内驱潮加热、防潮防凝露模块和回路维护消缺
	9	端子箱、冷控箱内照明回路维护消缺
	10	端子箱、冷控箱内二次电缆封堵修补
	11	冷却系统的指示灯、空开、热耦合接触器更换
	12	吸湿器油封补油
	13	硅胶更换
	14	吸湿器玻璃罩、油封破损更换或整体更换
	15	事故油池通畅检查
	16	噪声检测（变压器、高抗）
	17	不停电的气体继电器集气盒放气
	18	变压器铁芯、夹件接地电流测试
GIS	19	汇控柜体消缺
	20	汇控柜内驱潮加热、防潮防凝露模块和回路维护消缺
	21	汇控柜内照明回路维护消缺
	22	汇控柜内二次电缆封堵修补
	23	指示灯、储能空气断路器更换
断路器	24	端子箱、机构箱体消缺
	25	端子箱、机构箱内驱潮加热、防潮防凝露模块和回路维护消缺
	26	端子箱、机构箱内照明回路维护消缺
	27	端子箱、机构箱内二次电缆封堵修补
	28	指示灯、储能空气断路器更换
隔离开关	29	端子箱、机构箱体消缺
	30	端子箱、机构箱内驱潮加热、防潮防凝露模块和回路维护消缺
	31	端子箱、机构箱内照明回路维护消缺
	32	端子箱、机构箱内二次电缆封堵修补
	33	端子箱、机构箱体消缺
电流互感器、耦合电容器	34	端子箱、机构箱内驱潮加热、防潮防凝露模块和回路维护消缺
	35	端子箱、机构箱内照明回路维护消缺
	36	端子箱、机构箱内二次电缆封堵修补

续表

设　　备	序号	运 维 项 目
电压互感器	37	端子箱、机构箱体消缺
	38	端子箱、机构箱内驱潮加热、防潮防凝露模块和回路维护消缺
	39	端子箱、机构箱内照明回路维护消缺
	40	端子箱、机构箱内二次电缆封堵修补
	41	高压保险管更换
	42	二次快分开关和保险管更换
继电保护及自动装置	43	屏柜体消缺
	44	屏柜内照明回路维护消缺
	45	屏柜内二次电缆封堵修补
	46	外观清扫、检查
	47	保护差流检查、通道检查
	48	保护装置光纤自环检查
	49	故障录波器死机或故障后重启
	50	保护子站死机或故障后重启
	51	打印机维护和缺陷处理
监控装置	52	屏柜体消缺
	53	屏柜内照明回路维护消缺
	54	屏柜内二次电缆封堵修补
	55	外观清扫、检查
	56	自动化信息核对
	57	指示灯更换
	58	后台监控系统装置除尘（包括 UPS、后台主机等）
	59	测控装置一般性故障处理
直流电源（含事故照明屏）	60	屏柜体消缺
	61	屏柜内照明回路维护消缺
	62	屏柜内二次电缆封堵修补
	63	外观清扫、检查
	64	指示灯更换
	65	熔断器更换
	66	单个电池内阻测试
	67	蓄电池核对性充放电
	68	电压采集单元熔丝更换
所用电系统	69	屏柜体消缺
	70	屏柜内照明回路维护消缺
	71	指示灯更换

续表

设 备	序号	运 维 项 目
所用电系统	72	外观清扫、检查
	73	熔断器更换
	74	定期切换试验
	75	外熔丝更换
	76	硅胶更换
接地网	77	接地网开挖抽检
	78	接地网引下线检查测试
微机防误系统	79	系统主机除尘，电源、通信适配器等附件维护
	80	微机防误装置逻辑校验
	81	电脑钥匙功能检测
	82	锁具维护，编码正确性检查
	83	接地螺栓及接地标志维护
	84	一般缺陷处理
消防、安防、视频监控系统	85	系统主机除尘，电源等附件维护
	86	报警探头、摄像头启动、操作功能试验，远程功能核对
在线监测	87	主机和终端设备外观清扫、检查
	88	通信检查，后台机与在线监测平台数据核对
	89	油在线监测装置载气更换项目
	90	一般缺陷处理
辅助设施	91	变电站防火、防小动物封堵检查维护；站区、屏柜、电缆层、电缆竖井及电缆沟封堵检查维护
	92	配电箱、检修电源箱检查、维护
	93	防汛设施检查维护：变电站电缆沟、排水沟、围墙外排水沟，污水泵、潜水泵、排水泵检查维护
	94	设备铭牌等标识维护、更换，围栏、警示牌等安全设施检查维护
	95	设备室通风系统维护，风机故障检查、更换处理
	96	室内 SF_6 氧量报警仪维护、消缺
	97	一次设备地电位防腐处理
	98	变电站室内外照明系统维护
	99	消防沙池补充、灭火器检查清擦
	100	变电站水喷淋系统、消防水系统、泡沫灭火系统检查维护

可以看到，新的变电运维一体化作业项目目录基本上是典型维护性检修项目的修订和项目拆解，一次设备的 A、B 类检修，C 类停电检修（包括例行试验）、二次装置校验等作业频度低、计划性强、需要大型检修装备的项目继续由检修班组完成，GIS 超高频局放等技术复杂检测项目由专业带电检测班组继

续完成，运维班组实施部分把一些较难在一定时间内实现交接的检修项目进行了删减，将一些典型维护项目进行了进一步细化。根据广泛覆盖、技术共享的原则和基于未来运维一体化发展空间并逐步扩大工作范畴的考虑，本书将继续以典型维护性检修项目进行工作介绍，读者可以根据变电运维一体化作业项目目录的具体内容在典型维护性检修项目中找到和参考相应工作的具体要求及规范并各取所需，借鉴并制定符合本职工作实际情况的标准化作业指导书进行应用，从而实现持续提升变电运维人员技能水平，提高变电运维效率和效益，逐步完善变电运维一体化工作的目的。

1.7　变电运维一体化的趋势展望

“大检修”运营模式优化组织架构，实现电网检修维护人、财、物的集中管理与控制，降低生产成本、提高工作效率，实现企业生产管理模式由分散粗放向集中精益方式的根本性转变。因此，推进大检修体系建设，实施变电运维一体化建设是电力生产发展的必由之路。

当前，变电运维一体化实施的最好选择是将一部分一次检修人员调整到变电运维中心去，并入到变电运维操作组中，和变电运维操作站中的工作人员一起开展设备的 D 类检修与运行操作。同时，利用好检修人员的培训以及带动作用，以此来促进运行人员对设备维护技能的逐步提高。这个阶段是运维一体化实现的过渡阶段，最终实现运行和设备的不停电维护以及消缺工作（包含有 D 类检修）的运维一体化。同一组的运维人员需要承担起设备巡视、操作与维护、缺陷处理等相关的任务，并对设备维护与消缺过程中的危险点分析工作和风险防控工作进行自觉的落实，对设备维护、消缺的质量控制以及修试、验收记录资料等进行全过程的管理。

建立运维一体化的生产组织模式需要从队伍建设、制度建设、电网发展等多个方面开展工作。展望变电运维一体化的发展，须着力开展以下几个方面工作：一是要快速提升变电站综合自动化与智能水平，提高调度远方操作能力，大力运用计算机程序化操作、一键式操作等技术手段把运维人员从繁重的倒闸操作任务与高风险的防误操作中解放出来，为快速推进运维一体化提供技术保障；二是要建立运维一体化专业发展规划，确立运维一体化专业技能发展的方向，特别是逐步要将简单的维护检修能力发展为较高级的设备状态诊断与检修消缺能力；三是开展运维一体化的专家队伍建设，建立运维一体化的多层次技能等级标准，并建立起技能等级标准与不同复杂程度的运维一体化任务之间的关系，稳步推进运维一体化向更高技术层面发展；四是修改完善现有变电运行、检修管理规程与制度，从制度层面上支持和规范运维一体化的健康发展；五是开展针对性的运维一体化模块化培训，满足现有转岗人员与新进人员的培训需求，并支撑运维技能等级标准的发展与完善。

第2章

变压器（电抗器）典型维护性项目及技术要求

变压器是一种静止的电气设备，它把一种电压等级的交流电能转变为同频率的另一种电压等级的交流电能。在电力系统中，用于升压或降压的变压器称为电力变压器。当远距离传输大功率的电能时，使用升压变压器升高电压，减小输电电流，可降低输电线路损耗、节省输电材料。在用户处，采用降压变压器降低电压等级以满足配电需要。

2.1 例 行 试 验

2.1.1 35kV及以下干式变压器例行试验

2.1.1.1 准备工作

（1）查阅历史资料、进行数据分析。查阅试验设备的出厂试验报告、历次试验报告及缺陷记录，为本次试验提供原始试验数据信息。

（2）工作危险点源分析。对本次试验工作中可能出现的威胁人身、设备安全的危险点进行全面分析并正确填写工作票内容，工作票中的安全措施及危险点预控应到位。

（3）仪器仪表及工器具准备。根据试验内容，选择试验仪器仪表及所需的工器具。

（4）开工会。做到分工明确，任务落实到人，安全措施完备，明确危险点。

2.1.1.2 试验实施

（1）确认满足试验条件：

1）检修人员已全部撤离；

2）确认需解除的所有引线确已解除；

3）高压端对周围安全距离足够。

（2）变压器绕组直流电阻测量试验工作的基本要求：

1）试验前后设备应充分放电；

2）测量并记录环境温度及湿度；

3）注意直流电阻值的分析比较。

（3）变压器绕组绝缘电阻、吸收比试验工作的基本要求：

1）测量并记录环境温度和湿度；

2）夹件引出接地的，应分别测量铁芯对夹件及铁芯、夹件对地绝缘电阻。

2.1.1.3　试验结束

（1）试验数据计算、分析与出厂试验数据及规程规定进行比较、判断，得出试验结论。

（2）检查所有试验接线已全部拆除，确认设备已恢复至试验前状态，确认末屏可靠接地。

（3）试验现场已清理干净，试验仪器设备搬离现场，绝缘带、夹子线等全部清除。

（4）向工作负责人（持票人）汇报，汇报试验情况，被试设备是否合格。

（5）填写试验记录、变电站内的设备修试记录。

2.1.2　110(66)kV及以上变压器例行试验

2.1.2.1　准备工作

110（66）kV及以上变压器例行试验前准备工作同2.1.1.1　电抗器可参考进行此类工作。

2.1.2.2　试验实施

（1）确认满足试验条件：

1）检修人员已全部撤离；

2）确认需解除的所有引线确已解除；

3）高压端对周围安全距离足够。

（2）变压器绕组连同套管的直流电阻测量试验工作的基本要求：

1）试验前后设备应充分放电；

2）测量并记录顶层油温及环境温度；

3）注意直流电阻值的分析比较。

（3）变压器绕组连同套管的绝缘电阻、吸收比或（和）极化指数测量试验工作的基本要求：

1）试验前后设备应充分放电；

2）被试绕组短路加压，非被试绕组短路接地。

（4）变压器绕组连同套管的介质损耗和电容量测量试验工作的基本要求：

1）注意试验数据与出厂数据的比较，注意温度对介质损耗因数的影响；

2）注意电容值的变化。

（5）变压器铁芯及夹件的绝缘电阻测量试验工作的基本要求：

1）测量并记录顶层油温及环境温度和湿度；

2）夹件引出接地的，应分别测量铁芯对夹件及铁芯、夹件对地绝缘电阻。

（6）变压器油纸绝缘套管绝缘电阻（电容型）测量试验工作的基本要求：

1）测量并记录顶层油温及环境温度和湿度；

2）测量套管主绝缘和末屏对地绝缘的绝缘电阻；

3）套管有分压抽头，其试验与末屏相同。

（7）变压器油纸绝缘套管电容量和介质损耗因数（电容型）测量试验工作的基本要求：

1）测量并记录顶层油温及环境温度和湿度；

2）对被测套管所属绕组短路加压，其他绕组短路接地，正接线测量。

（8）变压器套管末屏（如有）电容量和介质损耗因数（电容型）测量试验工作的基本要求：

1）当电容型套管末屏对地绝缘电阻小于1000MΩ时，应测量末屏对地介质损耗；

2）试验电压为2000V。

（9）变压器SF_6套管气体试验（充气）测量试验工作的基本要求：

SF_6气体的性能及密封性应符合规定要求。

（10）单相低电压短路阻抗测量：

应采用单相法在最大分接位置和相同电流下测量，试验电流大于等于5A。

（11）有载调压装置的试验和检查：

参照有载分接开关测试仪的接线要求正确接线，注意设定、分析的准确性。

2.1.2.3　试验结束

（1）数据计算、分析：与出厂试验数据及规程规定进行比较、判断，得出试验结论。

（2）检查所有试验接线已拆除，需检查所有的接线部位。

（3）确认设备已恢复至试验前状态，确认末屏可靠接地。

（4）试验现场已清理，试验仪器设备搬离现场；绝缘带、夹子线等全部清除。

（5）向工作负责人（持票人）汇报，汇报试验情况，被试设备是否合格。

（6）填写试验记录，变电站内的修试记录。

2.2　变压器停电瓷件表面清扫、检查、补漆

2.2.1　工作任务

（1）任务简介：变压器停电后对其套管、支持绝缘子等瓷质部分进行清扫，对其外观进行检查，油漆部分清擦补漆。

（2）材料需求：作业一般应用工器具，材料及防护用品见表 2-1。

表 2-1　　工器具、材料及防护用品一览表

项目	序号	物品名称	需求明细	单位	数量
工器具	1	标准工具箱		套	1
	2	白噪声声波探伤仪		台	1
材料	1	油漆（喷漆）	黄、绿、红、黑	罐	按颜色各 1
	2	防腐漆	灰	桶	2
	3	底漆（红丹）	红	罐	4
	4	毛刷	8～10cm	把	4
	5	破布	棉质	kg	25
	6	钢丝刷		把	2
防护用品	1	手套		副	5
	2	安全带		条	3

2.2.2　工作流程

（1）使用经检查合格的工作票，现场安全措施布置及开工要求按当地“两票”细则及有关规定执行。

（2）检查变压器各电压等级侧瓷套管、支持绝缘子。

1）根据停电前探伤结果进行分析（应用白噪声声波探伤仪或夜间使用紫外探伤仪带电检测结果），对可能出现损伤的具体相别、位置进行重点检查。

2）具备使用探伤仪条件的可使用探伤仪进行瓷套表面探伤，根据探伤结果辨析瓷套损伤大概位置，然后采用目测法、手触法进行瓷套表面有无裂纹破损辨别。轻微损伤可用环氧树脂黏补修复，无法黏补的损伤应立即上报并采取进一步处理措施。

3）支持绝缘子为白色无伞裙光绝缘子（爬距不足）须立即上报。

4）套管下侧带有销针的需检查销针是否齐全，有断裂或严重变形无法起到作用的销针应进行更换，更换时应选择同型号销针。

（3）清扫各侧套管将军帽、套管。

1）清扫套管应用破布均匀擦拭，先里后外，先上后下，擦拭彻底。

2）高空作业中，使用的工器具应绑扎，做好防坠落及可能敲击瓷套管措施。

（4）补漆。

1）若部分相色褪色应该整个将军帽均匀补漆。

2）除锈。用钢丝刷将设备构架、外壳氧化层去掉，用铁砂布细加工去锈，先里后外，先上后下，先重后轻，去锈应彻底。

3）防锈。先刷一遍底漆，后刷二遍防锈漆。刷油漆按先里后外、先上后下，从远处到登高设备处，每一遍刷油漆间隔时间以油漆干为准，每一遍刷油漆应均匀、不起泡、厚薄度一样，无遗漏处。

（5）工作结束。

1）所有工作中使用的工器具、仪器、材料均应全部撤离现场并点验无遗漏。

2）现场应清理干净，重点注意的是变压器外壳应无因补漆造成的油漆掉落痕迹，变压器排油池内鹅卵石如滴落油漆应进行处理。

3）收工办理及记录填写要求按当地“两票”细则及有关规定执行。

2.2.3　技术要求

（1）高处维护工作一般要求。

1）使用高空作业车应有专人指挥，注意与带电设备保持足够安全距离。

2）传送油漆用传递绳并绑扎牢固。

（2）使用稀料调配油漆时注意油漆调配不应过稀，补漆工作中遇起风时应采取措施防止油漆大量飞落。

2.2.4　其他注意事项

作业危险点分析及安全措施交底内容范例见表2-2。

表 2-2　变压器停电瓷件表面清扫、检查、补漆作业危险点分析及安全措施交底范例

序号	危险点	安全措施
1	高处作业时坠落	作业人员应正确使用安全带
		应使用合格的登高工具并专人扶持，绑扎牢固
		工器具应系好保险绳或做好其他防坠落的可靠措施
2	使用高空作业车触碰带电设备	高空作业车应与带电设备保持安全的距离，作业车应有可靠接地
		工作人员在作业车上应系好安全带
		保证下方无工作人员
3	误损瓷件	清擦瓷件时不得登爬、踩踏瓷件
		避免携带不必要的金属工器具进行瓷件清擦及补油漆作业
		在碰触瓷件位置不理想的方向使用高空作业车时，不得为了作业便利将人身趴至在瓷件之上
4	物件遗留	作业后撤离前认真检查有无余留物品在设备上
5	人员精神状态、工器具是否合格等	按照规程规定不符合要求的作业人员应停止本次作业；不符合作业要求的工器具禁止带入现场应用于作业

2.3　普通带电测试

2.3.1　变压器普通带电测试（红外测试）

2.3.1.1　工作任务

（1）任务简介：应用红外测试仪器对运行中的变压器进行温度测试，检查变压器本体及各部分接点温度是否处于正常状态，有无过热及异常温度变化，通过测试结果判定变压器是否处于正常运行状态，有无缺陷发生。

（2）材料需求：红外测温工具 1 台（热成像仪、红外线测温仪均可），常用人员安全劳动保护用品（工作服、绝缘鞋、安全帽）。

2.3.1.2　工作流程

（1）检查红外测温工具。

1）开机是否正常，其电源指示电量是否够用，电量不足时应更换电池；配用专用电池的仪器应事先做好电池充电工作。

2）测温仪镜头是否清洁，应无污浊物覆盖。

3）需进行周期性检验的测温工具，其粘贴的检测标签注明的日期是否标明该仪器在合格使用期间。

4）开机后进行仪器校准，各种测试指标是否符合使用说明及该次测温需求，不符合时应手工校准，校准后在可参考物体上进行试机判定该设备测温读数是否正确。

（2）工作人员穿戴合格的安全劳动保护用品携带测温工具沿巡视道路进入变压器场地。

（3）对测量范围内环境温度及湿度进行测量并记录。

（4）对变压器本体、各电压侧接线板，金属搭接处进行温度测试，强迫油循环等有交流回路的变压器还应对其交流端子箱内部母线排、导线连接处、接触器、热耦等进行测试。

（5）将测试结果记入记录簿，有缺陷及异常情况的按运行管理制度规定提报缺陷及异常情况。

2.3.1.3　技术要求

（1）根据工作实际有具体测试部位图解的应严格按照图解位置进行相应部位测温工作。

（2）使用红外测温仪进行测量时，红外线定点应准确落着于测试部位且稳定后才能进行温度的读数。

（3）红外测温仪的发射率等指标数值应严格按照说明书针对被测设备调节正确，通常发射率在0.1～1.0即能够准确测量各种类型设备表面的温度。

2.3.1.4　其他注意事项

（1）对前期已经有温度异常缺陷存在的设备测温时要特别注意并进行缺陷内容比对，检查缺陷情况是否有发展，按标准是否有必要提高缺陷等级。

（2）如处于低温时进行此项工作，需根据仪器使用说明判断当前温度是否适合进行测温工作，可采取给测试仪器增加保温措施后再进行室外测温工作；应注意外部温度对仪器指示及电量的影响，可采取缩短测试时间或分成多个测试阶段对变压器进行各部位测试。当仪器指示出现明显错误时应停止测试。

（3）使用热成像仪测试时，对有缺陷的变压器测温应将测试图片留存作为附件信息与相应缺陷统一留存，缺陷或异常部位应在图片中标注位置及温度。

（4）进行检测时，环境温度一般应高于+5℃；室外检测应在良好天气进行，且空气相对湿度一般不高于80％。

（5）室外进行红外热像检测宜在日出之前、日落之后或阴天进行，尽量避免太阳光或强光直射镜头，以防损坏仪器的探测器。

2.3.2 变压器铁芯接地电流测试

2.3.2.1 工作任务

(1) 任务简介：应用钳形电流表对变压器铁芯接地电流测试，检测变压器运行工况，通过测试结果判定变压器是否处于正常运行状态，有无缺陷发生。

(2) 材料需求：钳形电流表1台（因测量值较小，应使用带有毫安测量级的钳形电流表），常用人员安全劳动保护用品（工作服、绝缘鞋、安全帽）。

2.3.2.2 工作流程

(1) 检查测试工具。

1) 选用的钳形电流表量程是否符合测试要求。

2) 需进行周期性检验的测量工具，仪器是否在合格使用期间内。

3) 表计外观无破损，开机检查表计正常显示测试值。

(2) 工作人员穿戴合格的安全劳动保护用品携带测试工具沿巡视道路进入变压器场地。

(3) 在变压器铁芯接地电流固定测试地点进行测试工作，测量时应选择合适的挡位进行，因存在干扰值影响正常测试结果，测试值应为钳口套入测量值于测试点未套入钳口测量值之差。

(4) 将测试结果记入记录簿，有缺陷及异常情况的按运行管理制度规定提报缺陷及异常情况。

2.3.2.3 技术要求

(1) 测量变压器铁芯接地电流大于100mA时，须及时上报。当发现变压器铁芯多点接地而接地电流较大时，应安排检修处理；在缺陷消除前，可采取措施将电流限制在100mA左右（如串联限流电阻），并加强监测。

(2) 当测试结果不正常时应确认测试结果的准确性，为得到较为准确的测试值应进行多次测量。

2.3.2.4 其他注意事项

(1) 必须在已做好标记的固定的测试地点进行测试工作，且测试工作应由两人进行，钳形电流表的使用不违反安全规程及运行规程要求。

(2) 低温情况下由于电池问题可能造成表计停机，应做好备用措施以防因停电影响测试工作的正常进行。

2.3.3 变压器接地导通试验与接地电阻测试

2.3.3.1 工作任务

(1) 任务简介：用地网导通电阻测试仪测量接地引下线导通电阻值，通过历年测试值及相邻点测试值比较来判定故障点。

（2）材料需求：地网导通电阻测试仪，常用人员安全劳动保护用品（工作服、绝缘鞋、安全帽）。

2.3.3.2　工作流程

（1）检查工器具合格且完备。

（2）对测量设备进行校零：将测量线放开拉直并短路进行校零。

（3）确定与地网连接合格的接地引下线作为基准进行测试。

（4）待测试读数稳定后进行测试数据读取，将测试结果进行记录，有缺陷及异常情况的按运行管理制度规定提报缺陷及异常情况。

2.3.3.3　技术要求

（1）测量基准点和被测点（相邻设备接地引下线）之间的导通电阻。

（2）在被测接地引下线与试验接线的连接处，使用锉刀锉掉防锈的油漆，露出有光泽的金属。

（3）在工作区域严禁高、低空甩接线和抛接物；放线、收线中，线不离手，线随人走；接地测量点高度选择不宜超过离地0.5m（尽可能保持同一高度）。

（4）测试标准：导通电阻小于等于20mΩ且导通电阻初值差小于等于50%，初值差=(测试值－初值)/初值×100%。

2.3.4　其他注意事项

（1）合格的接地引下线作为基准时一般选择多点接地的电气设备作为基准点，如变压器、龙门架等。

（2）测量线放开后应拉直，中间不得出现死结，若有死结应打开。

（3）危险点分析及安全措施交底范例见表2-3。

表2-3　变压器接地导通试验与接地电阻测试危险点分析及安全措施交底范例

序号	危险点	安全措施
1	工器具不合格	检查安全工器具、劳动防护用品是否合格齐备
2	作业人员进入作业现场及铺设测试线时，可能会发生与带电设备保持距离不够情况	注意与带电设备分别保持足够的安全距离（220kV时，大于等于3m；110kV时，大于等于1.5m；10kV时，大于等于0.7m）。在工作区域严禁高、低空甩接线和抛接物
3	试验中试验人员误碰测试线夹导电部分	试验中，试验人员应待测试完成，断开电源后，方可变更试验接线
4	工作中未指定专责监护人	工作中应指定专人，监护测试所需的放线、收线工作和接地测量点表面去漆除锈工作
5	雷雨天气或系统接地故障时进行工作	遇有雷雨天气或系统接地故障，不得进行接地引下线导通试验，应停止工作，撤离现场

2.4 专业带电测试

2.4.1 变压器带电检测总则

对变压器的带电检测是判断变压器是否存在缺陷，预防设备损坏并保证安全运行的重要措施之一。

带电检测的实施，应以保证人身、设备安全、电网可靠性为前提，安排设备的带电检测工作。在具体实施时，应根据本地区实际情况（设备运行情况、电磁环境、检测仪器设备等），制定适合本地区的实施细则或补充规定。

1）带电局部放电检测判定。带电局部放电检测中缺陷的判定应排除干扰，综合考虑信号的幅值、大小、波形等因素，确定是否具备局部放电特征。

2）缺陷定位。电力设备互相关联，在某设备上检测到缺陷时，应当对相邻设备进行检测，正确定位缺陷。同时，采用多种检测技术进行综合分析定位。

3）与设备状态评价相结合。状态检测是开展设备状态评价的基础，为消隐除患、更新改造提供必要的依据。同时，状态评价为异常、严重的设备、家族缺陷设备等是下一周期状态检测的重点对象。

4）与电网运行方式结合。同一电网在不同运行方式下存在不同的关键风险点，阶段性的带电检测工作应围绕电网运行方式来展开，对关键设备适度加强测试能有效防范停电、电网事故。

5）与停电检测结合。带电检测是对常规停电检测的弥补，同时也是对停电检测的指导。但是带电检测也不能解决全部问题，必要时，部分常规项目还是需要停电检测。所以应以带电检测为主，辅以停电检测。

6）横向与纵向比较。同样运行条件、同型号的电力设备之间进行横向比较，同一设备历次检测进行纵向比较，是发现潜在问题的有效方法。

7）新技术应用。带电检测已被证实为是有效的检测手段，在保证电网、设备安全的前提下，积极探索使用新技术，积累经验，有利于保证电网安全运行。

8）在进行与温度和湿度有关的各种检测时，应同时测量环境温度与湿度。

9）室内检测局部放电信号宜采取临时闭灯、关闭无线通信器材等措施，以减少干扰信号。

10）进行设备检测时，应结合设备的结构特点和检测数据的变化规律与趋势，进行全面、系统地综合分析和比较，做出综合判断。

11）对可能立即造成事故或扩大损伤的缺陷类型（如涉及固体绝缘的放电性严重缺陷、产气速率超过标准注意值等），应尽快停电进行针对性诊断试验，或采取其他较稳妥的检测方案。

12）在进行带电检测时，带电检测接线应不影响被检测设备的安全可靠性。

13）当采用一种检测方法发现设备存在问题时，要采用其他可行的方法进一步进行联合检测，检测过程中发现异常信号，应注意组合技术的应用进行关联分析。

14）当设备存在问题时，信号应具有可重复观测性，对于偶发信号应加强跟踪，并尽量查找偶发信号原因。

15）老旧设备局部放电带电检测。带电高频局部放电检测需从末屏引下线抽取信号，很多老旧设备没有末屏引下线，不能有效进行带电检测，可以在工作中结合停电安装末屏端子箱和引下线，为带电检测创造条件。从末屏抽取信号时，尽量采用开口抽取信号，不影响被检测设备的安全可靠运行。

16）带电检测信号表现出的家族性特征。应重视带电检测发现家族性缺陷的分析统计工作，查找缺陷发生的本质原因，着重从设备的设计、材质、工艺等方面查找，总结同型、同厂、同工艺的设备是否存在同样缺陷隐患，并分析这些缺陷在带电状态下表征出来的信号是否具有家族性特征。

2.4.2　检测内容定义及基本要求

（1）带电检测。

一般采用便携式检测设备，在运行状态下，对设备状态量进行的现场检测，其检测方式为带电短时间内检测，有别于长期连续的在线监测。

（2）高频局部放电检测。

高频局部放电检测技术是指对频率介于3～30MHz区间的局部放电信号进行采集、分析、判断的一种检测方法。

（3）超声波信号检测。

超声波信号检测技术是指对频率介于20～200kHz区间的声信号进行采集、分析、判断的一种检测方法。

（4）超高频局部放电检测。

超高频检测技术是指对频率介于300～3000MHz区间的局部放电信号进行采集、分析、判断的一种检测方法。

(5) 暂态地电压检测。

局部放电发生时，在接地的金属表面将产生瞬时地电压，这个地电压将沿金属的表面向各个方向传播。通过检测地电压实现对电力设备局部放电的判别和定位。

(6) 相对介质介质损耗因数。

两个电容型设备在并联情况下或异相相同电压下在电容末端测得两个电流矢量差，对该差值进行正切换算，换算所得数值叫做相对介质介质损耗因数。

(7) SF_6 气体分解物检测。

在电弧、局部放电或其他不正常工作条件作用下，SF_6 气体将生成 SO_2、H_2S 等分解产物。通过对 SF_6 气体分解物的检测，达到判断设备运行状态的目的。

(8) SF_6 气体泄漏成像法检测。

通过利用成像法技术（如激光成像法、红外成像法），可实现 SF_6 设备的带电检漏和泄漏点的精确定位。

(9) 油中溶解气体分析。

对于 66kV 及以上设备，除例行试验外，新投运、对核心部件或主体进行解体性检修后重新投运的变压器，在投运后的第 1、4、10、30 天各进行一次本项试验。试验数据若有增长趋势，即使小于注意值，也应缩短试验周期。烃类气体含量较高时，应计算总烃的产气速率。取样及测量程序参考最新国家标准，同时注意设备技术文件的特别提示。当怀疑有内部缺陷（如听到异常声响）、气体继电器有信号、经历了过负荷运行以及发生了出口或近区短路故障时，应进行额外的取样分析。

2.5 带 电 维 护

2.5.1 变压器硅胶更换

2.5.1.1 工作任务

(1) 任务简介：变压器使用的硅胶为蓝色颗粒，当巡维人员在巡维工作中发现变压器呼吸器内硅胶 3/4 由蓝色变为淡红色时，表明吸附剂已经受潮必须更换和干燥处理，通过检查结果进行计划性安排后开展硅胶更换工作。

(2) 材料需求：作业一般应用物品见表 2-4。

表2-4　　变压器硅胶更换工器具、材料及防护用品一览表

项目	序号	物品名称	需求明细	单位	数量
工器具	1	标准工具箱		套	1
材料	1	吸湿剂	硅胶	罐	8
	2	酒精		罐	2
	3	破布	棉质	kg	10
防护用品	1	常用人员安全劳动保护用品		套	2

2.5.1.2　工作流程

（1）检查工器具合格好用无破损。

（2）拆解呼吸器。

1）松动油封杯固定螺栓将油封杯拆卸取下。

2）松动呼吸器固定螺栓将呼吸器拆卸取下。

（3）部件检查。

1）原吸湿器内硅胶倒出装好。

2）玻璃罩是否有破损、裂痕。

3）密封圈是否出现绝缘老化，如无法使用应予以更换。

4）油封杯有污垢时应以酒精清洗并擦拭干净。

（4）更换硅胶。

1）将合格的干燥硅胶装入吸湿器并离顶盖留下1/5高度空隙。

2）加油至正常油位线能起到呼吸作用。

（5）检查并安装。

1）油封杯完好，油位符合刻度线标示。

2）按拆卸过程反向顺序安装就位。

（6）清理现场。

1）将作业现场清理干净，掉落硅胶颗粒物清理收存。

2）工作人员撤离现场。

2.5.1.3　技术要求

（1）在进行呼吸器松动螺栓拆解物品过程中要轻拿轻放，防止变压器油洒落或打碎玻璃杯罩、遗失细微部件等。

（2）呼吸器安装过程要对角锁螺钉，保证安装后器体不倾斜。

2.5.1.4　其他注意事项

（1）变压器设备在运行中，攀爬变压器及登高可能导致人身触电。

（2）现场存在玻璃器皿，工作中轻拿轻放避免造成人员划伤。

2.5.2 气体继电器内气体收集

2.5.2.1 工作任务

（1）任务简介：变压器在系统发生穿越性故障或内部轻微故障等情况时出现轻瓦斯保护动作告警信息，经现场检查确认变压器气体继电器内存有气体，需要进行气体继电器内气体收集工作。

（2）材料需求：作业一般应用物品见表 2-5。

表 2-5 气体继电器内气体收集作业工器具、材料及防护用品一览表

项目	序号	物品名称	需求明细	单位	数量
工器具	1	标准工具箱		套	1
材料	1	橡胶导管	与针管结合使用	条	1
	2	医用针管	与橡胶导管结合使用	支	2
	3	气体存储瓶	玻璃避光瓶	只	2
	4	止血钳	医疗专用	把	2
	5	破布	棉质	kg	2
防护用品	1	常用人员安全劳动保护用品		套	2

2.5.2.2 工作流程

（1）检查工器具合格好用无破损，橡胶导管要进行充气试验检查无老化、裂纹、气眼等。

（2）攀爬至变压器气体继电器旁做好安全措施（安全带绑扎、物品摆放），注意与带电部分安全距离。

（3）取下气体继电器防雨罩，松动气体继电器固定螺栓后开启气体继电器上盖（放气阀盖体侧）。

（4）取气（医用针管取气法）。

1）将针管推至底部，将管内空气排尽。

2）将橡胶导管一端安装在针管上，另一端用止血钳夹住，将橡胶导管内的空气用针管抽出，此时用另一把止血钳将橡胶导管靠近针管头部夹住，保持橡胶导管内处于真空状态，拔出针管，排净针管内的空气。

3）将橡胶导管一端安装在针管上，另一端插入气体继电器上部排气孔处；松开两把止血钳，打开气体继电器排气孔放气旋钮，缓慢拉动针管，将气体吸入针管内。

4）关闭气体继电器排气孔放气旋钮，用止血钳夹住橡胶导管，拔除橡胶导管与气体继电器排气孔的一端，取气完成。

（5）收尾。

1）将取气时滴落的油迹擦拭干净，有污垢时以酒精清洗并擦拭干净。

2）按开启气体继电器盖反向顺序恢复原状态。

3）将作业现场清理干净。

4）工作人员撤离现场。

5）根据地区规定要求进行气体点燃试验并将留存气体进行气体性质试验判定变压器运行工况。

2.5.2.3　技术要求

（1）气体如需导入玻璃瓶中进行气体留存，导入过程中瓶口应朝上（因变压器如果有故障时气体继电器内气体的质量要大于空气质量），玻璃瓶密封必须严密，防止气体外泄。

（2）如果现场有条件时可将针管气体直接交付试验。

2.5.2.4　其他注意事项

（1）危险点分析。

1）变压器设备在运行中，攀爬变压器及登高可能导致人身触电。

2）现场存在玻璃器皿，工作中应轻拿轻放避免造成人员划伤。

3）工作过程中避免碰触气体继电器探针或将二次接线短路造成变压器重瓦斯保护出口跳闸事故。

（2）在气体继电器由于季节性变化等特殊情况导致存有少量气体需排气时，方法与上述情况基本相符，因不需要留存气体可省略导气留存工作过程，仅排清气体即可。

2.6　散热器带电水冲洗

2.6.1　工作任务

（1）任务简介：变压器运行过程中散热器由于长期运行尘土覆盖、积灰造成散热面积变小、散热效果降低，为保证变压器在正常温度要求下运行且散热器起到良好散热效果，对变压器散热部分利用水冲洗方法清洁散热片。

（2）材料需求：作业一般应用物品见表2-6。

表 2-6　散热器带电水冲洗作业工器具、材料及防护用品一览表

项目	序号	物品名称	需求明细	单位	数量
工器具	1	标准工具箱		套	1
	2	变压器散热器带电水冲洗工具车		套	1
	3	电源接线盘	AC380V	只	1
	4	灭火器		只	1
材料	1	破布	棉质	kg	5
防护用品	1	常用人员安全劳动保护用品		套	2
	2	绝缘靴		双	1
	3	绝缘手套		副	1

2.6.2　工作流程

（1）检查工器具合格且完备。

（2）检查现场气温、风力等级：

1）现场气温要在 0℃ 以上，保证不会结冰。

2）为保证带电水冲洗过程中不会危及人身安全，现场风力等级应在 3 级以下。

（3）选择冲洗方式对变压器散热器进行水冲洗。根据现场不同要求选择不同喷射、喷头组合。如喷射方式有点状、扇形面、旋转式喷头等方式；有 0°和 90°直角喷头；喷杆还有长短，合理搭配方式最终达到使冲洗不留死角。

（4）工作结束清理现场：

1）将作业现场清理干净。

2）工作人员撤离现场。

2.6.3　技术要求

（1）冲洗工艺。

1）冲洗时要先里后外，先上后下，由远及近；导油管逐根冲洗；冲洗变压器、散热器内部宜采用高压点状式。

2）冲洗完散热器上部后要间隔一段时间再冲洗下部，保证上部污水清洗干净。

3）最后冲洗散热器外壳时，宜采用扇形面方式。

4）冲洗过程要多遍冲洗，不留死角。

（2）一般带电水冲洗工作安排在当地夏季升温来临前进行，1 年内对同一台变压器带电水冲洗一般不会超过 1 次，具体要求按当地规程要求执行。

2.6.4　其他注意事项

（1）变压器设备在运行中，攀爬变压器及登高可能导致触电，需在变压器本体呼吸器处放置“在此工作”标示牌，在主变压器爬梯处放置“禁止攀登，高压危险”标示牌等安全措施，作业人员做好相互监护工作。

（2）检修电源设备损坏或接线不规范会引起低压触电；在检修电源接线时，必须确认电源线的极性及所需使用的电压；使用的工具金属裸露部位应用绝缘材料包好，有人监护，同时必须使用带有带电漏电保护的电源盘。

2.7　专　业　巡　检

2.7.1　工作任务

（1）任务简介：为监视变压器是否处于正常运行状态，通过目测、耳听、鼻嗅、手触等方法对设备进行专业巡视检查，根据巡检结果判断变压器运行工况，为对设备进行状态检修提供直接判定数据。

（2）巡检前准备。

1）劳动组织及人员要求。劳动组织明确了工作所需人员类型、人员职责和作业人员数量，见表 2-7。

表 2-7　　变压器巡检劳动组织

序号	人员类型	职　责	作业人数
1	班组负责人	（1）对变电站运维巡视工作全面负责； （2）组织运维巡视人员安全、高质、按期完成巡视工作； （3）发现缺陷及异常时，准确判断类别和原因，及时汇报相关人员和当值调度员，并做好记录	1
2	巡视人员	（1）严格按要求规定及作业指导书进行巡视； （2）对巡视安全、质量、进度负责； （3）发现缺陷及异常时，准确判断类别和原因，及时汇报巡视班组负责人，并做好记录	1～2 人
3	监护人员	（1）识别巡视现场危险源，组织落实防范措施； （2）对巡视过程中的安全进行监护	1

人员要求包括对工作人员的精神状态，工作人员的资格包括作业技能、安全资质和特殊工种资质等要求，见表2-8。

表2-8　　变压器巡检人员要求

序号	内　　容
1	巡检人员精神状态正常，无妨碍工作的病症，着装符合要求
2	熟悉现场安全作业要求，经年度《国家电网公司电力安全工作规程（变电部分）》和《变电站现场运行规程》考试合格
3	具备必要电气知识，熟悉本站一、二次电气设备，具有相应的运维资格

2）材料及工器具要求。根据巡维项目，确定所需的备品备件与材料（根据各地区设备具体情况准备备品备件），见表2-9。

表2-9　　变压器巡检备品备件材料

序号	名称	型号及规格	单位	数量
1	直流熔丝	WW23	个	15
2	交流熔丝	45YT	个	20

现场巡视时所使用的工器具与仪器仪表主要包括巡检工器具、仪器仪表、电源设施、照明工具、防护器具、钥匙等，详见表2-10。

表2-10　　变压器巡检工器具与仪器仪表

序号	名　称	型号及规格	单位	数量	备注
1	安全帽		顶	5	符合人员数量
2	绝缘靴		双	5	需要时
3	望远镜	FGSD20	只	1	需要时
4	护目镜		个	4	需要时
5	测温仪	SERVIC	台	1	需要时
6	应急灯	UKJK12	盏	4	需要时
7	钥匙		套	3	
8	照相机	EER300	台	1	需要时
9	万用表	FLUKE	台	2	需要时
10	钳形电流表	VC3266D	台	2	需要时
11	瓷件探伤仪		台		需要时
12	电工用组合工具	RW54	套	2	需要时
13	便携式吸尘器		台	1	需要时

2.7.2　工作流程

（1）检查工器具合格且完备，根据例往巡检情况明确本次巡检重点项目。

（2）以最佳的巡视顺序、巡视路径、观察位置进行变压器设备巡检。

（3）巡检情况按标准进行记录。

（4）工作结束撤离现场。

2.7.3　技术要求

（1）本工作任务包括以下内容：

1）正常巡视：指对变电站内设备进行全面的外部检查。

2）熄灯巡视：指夜间熄灯开展的巡视，重点检查设备有无电晕、放电，接头有无过热现象。

3）全面巡视：指对变电站内一、二次设备，以及防误装置、安防装置、动力照明、备品备件、安全工器具等设施进行全面检查。

4）特殊巡视：指因设备运行环境、方式变化而开展的巡视。遇有以下情况，应进行特殊巡视：

——大风前后。

——雷雨后。

——冰雪、冰雹、雾天。

——设备变动后。

——设备新投入运行后。

——异常情况下，包括：过负荷或负荷剧增、超温、设备发热、系统冲击、跳闸、有接地故障情况、设备缺陷近期有发展等。

——法定节假日或上级通知有保电任务时。

（2）巡视周期。

1）正常巡视周期：各变电站应根据变电站电压等级、实际情况及当地有关规定确立正常巡视周期，一般情况下 220kV 及以上无人值班变电站每月一般巡检建议不得少于 2 次；110kV（66kV）无人值班变电站每月一般巡检建议不得少于 1 次。全面巡视、熄灯巡视应结合正常巡视周期进行（巡视周期应按照上级最新规定执行）。

2）特殊巡视根据实际需要安排。

（3）变压器巡视项目及标准见表 2-11。

表 2-11　　变压器巡视项目及标准

部　件	项目与标准	备　注
本体	(1) 箱体完好、清洁、无锈蚀、无渗漏	
	(2) 油温及线圈温度正常，温度计指示正确、完好无破损	
	(3) 声音均匀无异声，无异常振动，无异常气味、变形、变色、冒烟等	
	(4) 法兰、阀门、油管等无渗漏油	
	(5) 压力释放装置完好，无渗漏油及动作指示	
	(6) 各阀门位置正确	
	(7) 油在线监测装置，法兰、阀门、盖板连接处等各部位无渗漏油，阀门开闭位置正确	在线监测装置
	(8) 各控制箱和端子箱应封堵规范完好，无进水受潮	
	(9) 完好、清洁、无锈蚀、无渗漏	
储油柜	(1) 油位应正常，符合油位与油温的关系曲线	
	(2) 气体继电器内充满油，无气体，防雨罩完好	
	(3) 呼吸器完好，油杯内油面、油色正常，呼吸畅通（油中有气泡翻动），硅胶变色不超过 2/3。对多种颜色硅胶，受潮变色硅胶不超过 3/4	
	(4) 油色、油位正常，无渗漏	
套管	(1) 瓷质部分清洁，无裂纹、放电痕迹及其他异常现象	
	(2) 引线线夹压接牢固、接触良好，无发热现象	
导引线	(1) 引线无断股、散股、烧伤痕迹	
	(2) 中性点引下线接地良好	
	(3) 引下线驰度适中，摆动正常	
	(4) 无挂落异物	
冷却系统	(1) 冷却器控制箱内各电源开关、切换开关应在正确位置，信号显示正确，无过热现象，温控除湿装置投入正确	
	(2) 投入运行的冷却器组数恰当，与负荷及温度相适应	
	(3) 散热装置清洁，散热片不应有过多的积灰等附着脏物	
	(4) 风扇和油泵运转正常，无异常声音，油流计指示正常	
	(5) 冷却器投入、辅助、备用组数应符合现场运行规程的规定，位置正确，相应位置指示灯指示正确	
	(6) 冷却器本体及蝶阀、管道连接处等部位无渗漏油	
	(7) 冷却器分控箱门关闭严密，箱内清洁、干燥、无锈蚀、封堵严密	冷却器分控箱
	(8) 二次接线无松动、脱落、发热现象	
	(9) 备用电源自动切换装置及冷却器切换试验时能正确动作	结合定期切换

续表

部　件	项目与标准	备　注
有载调压	（1）控制箱内各控制选择开关位置正确，挡位显示与机械指示一致，无异常信号	
	（2）油位正常，符合油位与油温关系曲线	
	（3）连杆完好无变形	
	（4）油箱及有关的法兰、阀门、油管等处无渗漏油	
	（5）呼吸器完好，油杯内油面、油色正常，呼吸畅通（油中有气泡翻动），硅胶变色不超过 2/3。对多种颜色硅胶，受潮变色硅胶不超过 3/4	
	（6）机构箱密封良好，马达电源开关应合上	
	（7）在线滤油装置组合滤芯压力表指示正确，法兰、阀门、盖板连接处等各部位无渗漏油，工作方式开关、阀门位置正确	在线滤油装置
	（8）在线滤油装置正在工作状态时，检查油中无气泡	在线滤油装置
中性点	（1）中性点外观无异常	
	（2）中性点隔离开关位置符合电网运行要求，与变压器有关保护投退方式相对应	
	（3）放电间隙无异物、无锈蚀、无倾斜	
	（4）中性点避雷器无异常	
二次接线箱	（1）门关闭严密，箱内清洁、干燥、无锈蚀、封堵严密	
	（2）接线无松动、脱落现象	
	（3）温湿度自动控制加热除湿器工作正常	
其他	（1）在线监测装置指示正常，无异常信号	
	（2）设备编号、标示齐全、清晰、无损坏，相色标示清晰、无脱落	
	（3）基础无倾斜、下沉	
	（4）架构完好无锈蚀、接地良好	
	（5）防火墙完好、无破损	
	（6）接地及引下部分完好	
	（7）附近的周围环境及堆放物品无可能威胁变压器的安全运行	

2.7.4　其他注意事项

变压器专业巡检作业的危险点与预防控制措施见表 2-12。

表 2-12　　　变压器专业巡检作业的危险点与预防控制措施

防范类型	危　险　点	预防控制措施
触电	（1）误登带电设备	需登高检查时，必须有人监护，巡视检查时应与带电设备保持足够的安全距离：10kV，0.7m；66kV，1.5m；220kV，3m
	（2）误入带电间隔	（1）巡视检查时，不得进行其他工作（严禁进行电气工作），不得移开或越过遮栏
		（2）必须打开遮拦门检查时，要在监护人监护下进行
	（3）高压设备发生接地巡视	（1）高压设备发生接地时，室内不得接近故障点 4m 以内，室外不得靠近故障点 8m 以内
		（2）进入上述范围人员必须穿绝缘靴，接触设备的外壳和构架时，必须戴绝缘手套
	（4）雷雨天气，接地电阻不合格时巡视	雷雨天气，接地电阻不合格，需要巡视高压室时，应穿绝缘靴，并不得靠近避雷器和避雷针
	（5）高压触电	（1）使用合格的安全工器具
		（2）发现缺陷及异常时，应按公司缺陷管理制度规定执行，不得擅自处理
		（3）巡视设备禁止变更检修现场安全措施，禁止改变检修设备状态
		（4）进出高压室，必须随手将门锁好
		（5）严禁不符合巡视人员要求者进行巡视
高处坠落	登高	（1）攀登构架检查时，系好安全带
		（2）使用梯子检查时，应先固定牢靠
其他伤害	（1）摔跌	（1）雨雪天及结冰路滑时，应慢行
		（2）夜间巡视应带照明工具
	（2）中毒	进入 SF_6 高压室提前进行通风 15min，或 SF_6 检测信息无异常、含氧量正常
	（3）绞伤	检查设备机构气泵、油泵等部件时，要防止电机突然启动，转动装置伤人
	（4）砸伤	巡视时戴好安全帽
开关跳闸	（1）误动误碰	（1）开、关设备门应小心谨慎，防止过大振动
		（2）在继电室禁止使用各类移动通信工具
	（2）缺陷不能及时发现处理	（1）发现紧急缺陷及异常时，及时汇报，并采取必要的控制措施
		（2）严格按照巡视路线巡视，不得漏项

2.8　不停电渗漏油处理

2.8.1　工作任务

（1）任务简介：变压器运行过程中由于多种原因，如橡胶绝缘垫圈老化、变压器焊接砂眼破碎、油标密封不良等都会造成变压器出现渗漏油现象，在不影响变压器运行的前提下对一般性渗漏油进行带电处理。

（2）材料需求：作业一般应用工器具、材料及防护用品见表2-13。

表2-13　　变压器不停电渗漏油处理工器具、材料及防护用品

项目	序号	物品名称	需求明细	单位	数量
工器具	1	标准工具箱		套	1
材料	1	常用规格螺钉		套	5
	2	防腐漆	灰	桶	2
	3	底漆（红丹）	红	罐	3
	4	毛刷	8～10cm	把	4
	5	破布	棉质	kg	10
	6	钢丝刷		把	2
防护用品	1	常用人员安全劳动保护用品		套	2

2.8.2　工作流程

（1）检查工器具合格且完备。

（2）处理渗油。渗油部位根据分析判断结果采取不同方法进行处理。

1）连接处渗油。此类渗油主要是安装时未正确对位，运行中因变压器振动使密封圈走位导致渗油；对此应采取重新对位的方法进行处理，并更换损坏的螺钉。

2）螺钉未锁紧，导致运行中密封圈不起作用导致渗油。此类情况应进行螺钉重锁，并可加并帽用双螺母锁紧。

3）橡胶密封圈老化破损丧失密封能力造成渗油，此类情况应更换同型号橡胶密封圈（处理方案详见2.8.3技术要求部分）。

（3）工作结束将作业现场清理干净。

（4）工作人员撤离现场。

2.8.3　技术要求

（1）处理渗油之前必须认真分析，查明渗漏的原因和确切渗漏点。对存在

的油污点，先用小扁铲、钢丝刷清理，再用二甲苯清洗，用干净水冲洗，最后用净布反复清擦，找到渗漏点的准确位置。

（2）变压器的渗漏大致可分为密封渗漏和焊接渗漏。处理密封渗漏，主要是改善密封质量。如对于套管、油标、散热器阀门、大盖、有载开关等含密封件处，若紧固螺丝无效，可更换密封圈或重新上胶密封；处理焊接渗漏，可采取补焊办法进行。无论在处理哪种渗漏油的过程中，均应禁止采用厚料法或绑扎法。

1）密封橡胶的承压面积应与螺钉的力量相适应，否则难以压紧；更换油塞橡胶密封环时，应将该部件各进口处的阀门和通道关闭，在自身负压保持至大量出油的情况下进行更换，密封件应有良好的耐油和抗老化性能、较好的弹性和机械性能，密封材料尽可能避免使用石棉盘根和软木垫等材料。结构不良或密封方法不合理的部件，如散热器、净油器连接法兰强度不够，在拧紧螺栓时易变形，使法兰压不紧衬垫，应予以改造或更换。密封处的压接平面要光洁，放置胶垫时，最好先涂一层黏合胶液如聚氯乙烯、清漆等。

2）变压器油箱上部发现渗漏时，只需排出少量的油即可焊接处理；油箱下部发现渗漏时，由于吊芯放油浪费太大且受现场条件限制，可采用带油焊接处理。带油补焊应在漏油不显著的情况下进行，否则应采用抽真空排油法造成负压后焊接，负压的真空度不宜过高，以内外压力相等为宜，避免吸入铁水。带油补焊一般禁止使用气焊；焊接选用较细的焊条如 422、425 焊条为宜；补焊时应将施焊部位的油迹清除干净，最好用碱水冲洗再擦干；施焊过程中要注意防止穿透和着火，施焊部位必须在油面以下；施焊时采用断续、快速点焊，燃弧时间应控制在 10～20s，绝对不允许长时间连续焊接。补焊渗漏油较严重的孔隙时，可先用铁线等堵塞或铆后再施焊；在靠近密封橡胶垫圈或其他易损部件附近施焊时，应采取冷却和保护措施。

3）铸件上的砂眼可用狄尤一号堵漏胶加压堵塞，堵塞好后要注意补强，然后用电吹风吹烤 5～15min，直到固化。堵漏时应先将油迹擦净。由于是带电进行渗油处理，所以处理中不能影响变压器的正常运行，如需关闭或开启冷却器各部阀门等时要根据运行规定将重瓦斯保护压板进行跳闸和信号的相应变位。

2.8.4 其他注意事项

（1）高处作业时坠落。高空作业时应正确使用安全带；应使用合格的登高工具并专人扶持，绑扎牢固；工器具应系好保险绳或做好其他防坠落的可靠措施。

（2）大量喷油。在处理渗油点时，应先分析原因，选择恰当方法，严禁使用蛮力使渗油点扩大。

（3）处理渗油时触电。变压器在运行中，应与各侧保持有效的安全距离，另设专人监护关键工序做到安全质量控制。

2.9　冷却系统的指示灯、空气断路器更换

2.9.1　工作任务

（1）任务简介：变压器运行过程中用于监测冷却系统工况的指示灯及控制冷却系统的空气断路器发生故障失去监视控制功能需更换的工作。

（2）材料需求：作业一般应用工器具、材料及防护用品见表2-14。

表2-14　　变压器冷却系统指示灯、空气断路器更换所需工器具、材料及防护用品一览表

项目	序号	物品名称	需求明细	单位	数量
工器具	1	标准工具箱		套	1
材料	1	常用规格螺钉		套	2
	2	空气断路器	与需替换设备型号相同	只	比需更换的损坏数量多1～2
	3	指示灯	与需替换设备型号相同	个	比需更换的损坏数量多1～2
	4	二次配线	红、蓝、黄、黄绿	m	若干
	5	绑扎线		卷	1
	6	冷却器控制回路图等资料		套	1
防护用品	1	常用人员安全劳动保护用品		套	2

2.9.2　工作流程

（1）检查工器具合格且完备。

（2）设备更换。

1）核对所记载损坏指示灯、空气断路器位置是否正确。检查冷却系统故障指示灯接线处及周围带电元件，检查其是否有外观烧损，测量指示灯两端电压，带电时是否电压正常；检查冷却系统故障空气断路器接线情况。

2）若指示灯电压正常则进行更换作业，若电压不正常或无电压，则应检查指示灯回路是否完好。空气断路器检查与上述工作步骤类似，如果空气断路器一送即跳，断开该断路器所带负载再将其合上，如果还有此现象，则更换空气断路器；若无则检查负载回路上有无短路现象。

3）经确定后对所需更换指示灯、空气断路器进行停电，通过图纸确定其上一级断路器位置，断开后必须对更换指示灯、空气断路器进行验电确定更换设备已确实失电，在同一端子箱或屏柜中可能会有其他运行设备，应对其布置安全措施防止误碰带电设备。

4）松动固定螺栓将损坏指示灯、空气断路器取下，注意轻拿轻放并不得误碰其他部位。

5）对指示灯、空气断路器进行测量确认其已经损坏。指示灯可采用回路电阻法测量其是否断线，空气断路器可在取下后试验性拉合并使用回路电阻法测试上下端子是否导通。

6）更换新的指示灯、空气断路器前检查更换设备型号与所替换设备型号是否相同。

7）固定指示灯、空气断路器并按原配线进行接线连接。

8）试合检查，对更换后指示灯、空气断路器进行试验性送电检查，待无问题后按原投入情况配置变压器冷却器。

9）工作结束将作业现场清理干净。

10）工作人员撤离现场。

2.9.3 技术要求

（1）更换后的空气断路器或指示灯由于厂家出厂批次等原因同原设备可能存在稍许差异，如固定孔距大小、指示灯接点距离等，原配备的二次线将会发生接线长度需求的变化，此种情况应适当收回或放开余留配线螺旋部分或重新进行裸线绑扎，以保证接线美观符合施工工艺规范。

（2）一般情况下，为便于区分接线，对于直流部分通常红色线配“＋极”，蓝色线配“－极”；对于交流 220V 部分红色线配相线，蓝色线配中性线，黄绿线配地线；交流 380V 部分黄色配 A 相，绿色配 B 相，红色配 C 相。线色选择可根据当地具体情况而定，统一相色便于现场工作人员区分，有利于提高工作效率，但工作前仍需进行验明配线极性。

（3）更换设备前应排除由于接线问题（例如接点松动脱落、接线损伤）造成的设备失效情况。

2.9.4 其他注意事项

危险点分析及安全措施交底。

（1）在处理中受伤。更换设备过程中及二次配线时需戴线手套作业，更换中杜绝用力过猛。

（2）在处理时触电。变压器处于运行状态，人体应与各侧保持有效的安全距离，停用的上级控制开关及把手应挂警示标志牌防止误合；另外工作时应设置专人监护，关键工序进行安全质量控制。

（3）更换作业时短路。变压器冷却器控制柜内元器件在运行中，注意防止误碰；使用的工具应绝缘包扎，防止短路或接地，解开的线头也应进行绝缘包扎，防止短路或接地。

2.10　冷却系统风扇、风机更换

2.10.1　工作任务

（1）任务简介：变压器运行过程中冷却系统风扇、风机出现故障停止正常运转或运转中经巡检发现严重异音及回路有故障不宜继续运行需停电进行更换、维修处理的工作。

（2）材料需求：冷却系统风扇、风机更换作业一般应用工器具、材料及防护用品见表2-15。

表2-15　冷却系统风扇、风机更换作业所用工器具、材料及防护用品一览表

项目	序号	物品名称	需求明细	单位	数量
工器具	1	标准工具箱		套	1
材料	1	常用规格螺钉		套	2
	2	风机、风扇	与需替换设备型号相同	台	比需更换的损坏数量多1～2
	3	二次配线	红、蓝、黄、绿	m	若干
	4	润滑油		桶	1
	5	绑扎线		卷	1
	6	冷却器控制回路图等资料		套	1
防护用品	1	常用人员安全劳动保护用品		套	2

2.10.2　工作流程

（1）检查工器具合格且完备。

（2）设备更换。

1）核对所记载损坏风扇、电机（简称风机）位置是否正确。对风机及其分支回路进行外观检查，检查其是否有外观烧损、运转异音并判断故障点确认风机是否需要更换，需更换风扇的应停电后利用回路电阻法测量电机线圈有无

烧损，如电机无问题则只需更换同型号风扇扇叶。

2）对所更换风机回路进行停电，停用其分支回路的控制开关，停电后应进行验电以确定风机已停电。

3）断开风机连接线，如风机故障伴随有电机连接线烧损的应更换其接线。

4）松动后卸下防止风扇飞落的安全网，松动风机固定螺栓将风机取下。

5）需更换风扇的风机使用专用工具分离风扇进行更换。

6）将更换好的风机安装固定并进行电源线连接固定，恢复安全网安装。

7）对风机送电试运行，检查其转向是否正确、运转是否有异音等。

8）待无问题后按原投入情况配置变压器冷却器。

9）工作结束清理现场，将作业现场清理干净。

10）工作人员撤离现场。

2.10.3 技术要求

（1）因考虑到风机侧引线外露长度缩短不便于接线，断开风机连接线时应采用剥开分离连接线接点的方法，不应直接用钳子掐断连线。

（2）因风机风扇有内置直径约束，更换选用风扇时要使用同型号风扇，如特殊条件风扇备品不足等情况也不可更换直径大于原风扇直径的备品。

（3）试运转时对于有防止风扇飞落安全网的冷却系统必须将安全网安装上后再进行试运转，对于无安全网的，工作人员必须远离风机后再行试运转。

（4）对于未按照标准工艺接线的风机，风机接入后试运转可能出现反转现象，此时应按上述流程重新停电并改变接线。交流 380V 接线将风机任意两根接线对调可解决风机反转问题。

（5）更换的风机在电源线连接时应按施工工艺标准进行绝缘处理并绑扎固定，防止风机运转打伤接线造成短路。

（6）一般情况下，为便于区分接线，直流部分通常红色线配“＋极”，蓝色线配“－极”；交流部分红色线配相线，蓝色线配中性线，黄绿线配地线，线色选择可根据当地具体情况而定。统一相色便于现场工作人员区分，有利于提高工作效率，但工作前仍需进行验明配线极性。

2.10.4 其他注意事项

（1）在处理中受伤。更换设备过程中及二次配线时需戴线手套作业，更换中杜绝用力过猛，轻拿轻放。

（2）在处理时触电。主变压器在运行中，人体应与各侧保持有效的安全距离，停用的上级控制开关及把手应挂警示标志牌防止误合；另工作应设专人监护，关键工序进行安全质量控制。

（3）更换作业时短路。风机试运行前各接线接点绝缘必须做好，接线绑扎牢固，防止误碰；使用的工具应绝缘包扎，防止短路或接地，解开线也应绝缘包扎，防止短路或接地。

2.11 变压器油色谱在线监测装置载气瓶更换、渗油处理

2.11.1 工作任务

（1）任务简介：变压器运行过程中油色谱在线监测装置载气瓶故障需进行更换，同时由于密封垫老化等原因油色谱在线监测装置载气瓶与变压器连接部渗油需进行更换、维修处理的工作。

（2）材料需求：载气瓶更换、渗油处理作业一般应用工器具、材料及防护用品见表2-16。

表2-16 载气瓶更换、渗油处理作业工器具、材料及防护用品一览表

项目	序号	物品名称	需求明细	单位	数量
工器具	1	标准工具箱		套	1
材料	1	常用规格螺钉		套	2
	2	油色谱在线监测装置载气瓶	与需替换设备型号相同	台	比需更换的损坏数量多1～2
	3	绑扎线		卷	1
防护用品	1	常用人员安全劳动保护用品		套	2

2.11.2 工作流程

载气瓶渗油处理工作流程、技术要求及注意事项可参考2.8介绍，载气瓶更换作业工作流程如下。

（1）检查工器具合格且完备，确认工作前已同相关部门联系过因工作开展不会影响到数据监测工作。

（2）设备更换。

1）核对所记载油色谱在线监测装置载气瓶位置是否正确，进行外观检查确认工作内容，联系相关部门将变压器重瓦斯保护跳闸连接片改投信号位置。

2）关闭油色谱在线监测装置载气瓶与变压器连接管上侧阀门及变换气流通过的六通阀以及断开电动设备电源。

3）松动固定螺栓卸下载气瓶。

4）安装新载气瓶。

5）恢复油通路及设备电源进行试运转。

6）试运转良好后，检查气体继电器内无气体，若有气体则需进行排气。

7）工作结束清理现场，将作业现场清理干净。

8）工作人员撤离现场。

9）将变压器重瓦斯保护恢复原方式。

2.11.3 技术要求

（1）进行载气瓶更换工作后试运转时应联系相关部门进行信息上传信号的确认。

（2）载气瓶更换后应确认其通路全部开启，防止遗漏。

2.11.4 其他注意事项

（1）载气瓶为高科技产品，更换过程中应轻拿轻放，防止固定部件及易碎物品损伤造成损失。

（2）在处理中受伤。更换设备过程中及二次配线时需戴线手套作业，更换中杜绝用力过猛。

第 3 章

断路器典型维护性项目及技术要求

高压断路器额定电压在 3kV 及以上，能关合、承载和开断运行回路正常负荷电流，能在规定时间内关合、承载和开断规定的过载电流和短路电流。高压断路器具有导电功能、绝缘功能和开断功能。

导电功能：在正常的闭合状态时应为良好导体，不仅对正常负荷电流，而且对规定短路电流也能承受其发热和电动力作用，保持可靠接通状态。

绝缘功能：相与相间、相对地间及断口间具有良好绝缘性能，能长期耐受最高工作电压，短时耐受大气过电压及操作过电压。

开断功能：闭合状态任何时刻能在不发生危险过电压条件下，在尽可能短时间内安全开断规定的短路电流。

高压断路器根据安装地点分为户内和户外式，根据灭弧介质分为油断路器、压缩空气断路器、SF_6 断路器、真空断路器。根据用油量的多少，油断路器又分为多油和少油两种。

3.1 SF_6 断路器例行试验

3.1.1 工作任务

(1) 任务简介：对 SF_6 断路器进行例行试验工作。包括 SF_6 气体定性检漏、SF_6 密度检测、SF_6 气体微水值测量、主回路电阻检查、合闸电阻检查等。

(2) 材料需求：作业一般应用物品见表 3-1。

表 3-1　SF_6 断路器例行试验所需工器具、材料及防护用品一览表

项目	序号	物品名称	需求明细	单位	数量
工器具	1	标准工具箱		套	1
	2	SF_6 断路器专用工具		套	1
材料	1	SF_6 断路器检漏仪		台	1
	2	回路电阻测试仪		台	1
	3	破布	棉质	kg	5
	4	其他试验用仪器	根据实际工作要求准备		
防护用品	1	常用人员安全劳动保护用品		套	2

3.1.2　工作流程

检查工器具合格且好用。

3.1.2.1　SF_6 气体定性检漏

(1) 对断路器底座以下 SF_6 气体接头及下部法兰、压力表、SF_6 充气管路、充气阀块和焊接管头进行气密性检漏。

(2) 用检漏仪时，每一个检查点要保持在 15s 以上；如有泄漏，根据漏点部位制定处理方案。

(3) SF_6 气体压力应符合断路器铭牌要求，压力指示正常，断路器在运行时气压值必须在 SF_6 密度计的报警值以上。

3.1.2.2　SF_6 密度监视器检测

(1) 目测检查 SF_6 密度监视器。

1) SF_6 密度监视器玻璃表面清洁，气压指示清晰可见，外表无污物、无损伤痕迹，如严重脏污，应清洗。

2) SF_6 气体压力应符合断路器铭牌要求，压力指示正常，压力偏低时需进行补气。气压值必须在 SF_6 密度监视器的报警值以上，断路器年漏气率不大于 1%，否则需检查是否有泄漏。

3) SF_6 密度监视器与本体连接可靠，无松动，否则用 10N·m 的力矩进行复紧。

4) 用 SF_6 气体泄漏仪检查密度监视器、SF_6 气阀、上下瓷柱法兰连接处、瓷柱与机构连接处，看是否有气体泄漏，检测应在无风的条件下进行。

(2) SF_6 密度继电器检测。

1) 断路器运行 15 年或进行 5000 次机械分合操作后应对 SF_6 密度继电器

进行检测。将密度继电器从充有充气压力的断路器上取下，然后用 N_2 或干燥空气给密度继电器加压，慢慢降低压力并读取压力读数。

2）SF_6 密度继电器压力值与充气压力的最大偏差（20℃时）应满足：压力表，－0.02/＋0.05MPa；密度继电器，±0.015MPa。

3）信号和闭锁压力值之间的差大于0.01MPa。

3.1.2.3 断路器 SF_6 气体微水值测量

1）测量断路器在正常气体压力下的露点：在断路器 SF_6 充气连接头接上露点测量设备。

2）微水值应小于300μL/L（新断路器应小于150μL/L）。

3.1.2.4 主回路电阻检查

用回路电阻测试仪测量断路器主断口的直流电阻，如阻值大于标准值，则需对灭弧室的上下电流通道进行检查处理。

3.1.2.5 合闸电阻检查

测量并联电阻的预插入时间，如果预插入时间不满足标准要求（开断容量50kA的预插入时间范围8～12ms、开断容量63kA的预插入时间范围9～13ms），则需对电阻进行检查处理。

3.1.3 其他注意事项

（1）高处作业时防坠落应正确使用安全带；应使用合格的登高工具并专人扶持，绑扎牢固；工器具应系好保险绳或做好其他防坠落的可靠措施。

（2）检查压力表时安全距离不够导致触电。作业时应戴绝缘手套，并派专人监护保证人体不超过断路器基座。

3.2 断路器操动机构检查

3.2.1 工作任务

（1）任务简介：断路器停电后对机构箱体进行常规检查工作。

（2）材料需求：作业一般应用物品见表3-2。

表3-2 断路器操动机构检查所需工器具、材料及防护用品一览表

项目	序号	物品名称	需求明细	单位	数量
工器具	1	标准工具箱		套	1
	2	断路器机构箱专用工具		套	1

续表

项目	序号	物品名称	需求明细	单位	数量
材料	1	常用规格螺钉		套	2
	2	真空吸尘器		台	1
	3	破布	棉质	kg	5
	4	机构箱内元件备品		套	1
防护用品	1	常用人员安全劳动保护用品		套	2

3.2.2 工作流程

(1) 检查工器具合格且好用。

(2) 机构传动箱检查。

1) 取下所有各相断路器传动箱的盖和分合指示牌，观察机构传动箱（见图 3-1)，目测检查机构箱内所有螺栓接头部分。轴孔、轴套和轴销无伤痕、裂纹；接头应无松动，如有松动等现象，用 300N・m 的力矩复紧连接螺栓。箱体无锈蚀密封、门锁完好，内部清洁。

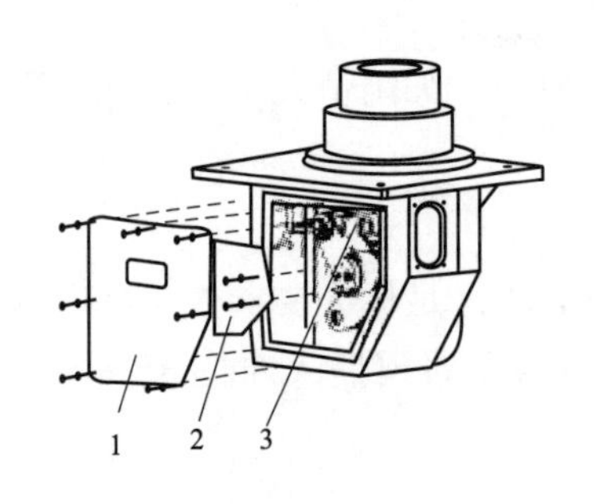

图 3-1 操动机构传动箱检查
1—盖；2—分合指示牌；3—传动部件

2) 操动机构和断路器极柱间拉杆的位置检查。断口在分闸位置，以直径 6mm 的杆检查拐臂的校正孔和机构箱的预留孔，两孔应对齐；连接拉杆应旋过耦合连接件和拉杆上的检查孔。（见图 3-1 操动机构和断路器极柱间拉杆的位置检查所示)。

(3) 操动机构和断路器极柱间拉杆的调整，转动拉杆以使它的长度减小或增加，使操作杠杆移向合闸或分闸位置。当操作杆在分闸位置，且校正孔正好与机构箱上的预留孔对齐时，拉杆达到合适的位置。用直径 6mm 的杆检查孔是否对齐。检查拉杆是否旋过检查孔。锁紧螺母的紧固力矩是 300N・m。（操动机构和断路器极柱间拉杆的调整如图 3-2 所示)。

(4) 机构传动箱的检查与清洁。

1) 空气过滤器应清洁，无秽物，如严重脏污，应更换。

2) 检查并清扫传动箱内部，传动箱内部应清洁无杂物，如需要用真空吸尘器清洁传动机构箱内部空间。

(5) 安装传动箱的盖板和分合指示牌。

安装各相断路器传动箱的盖和分合指示牌，以 22N·m 的力矩安装分合闸指示牌，以 9N·m 的力矩安装上盖板。

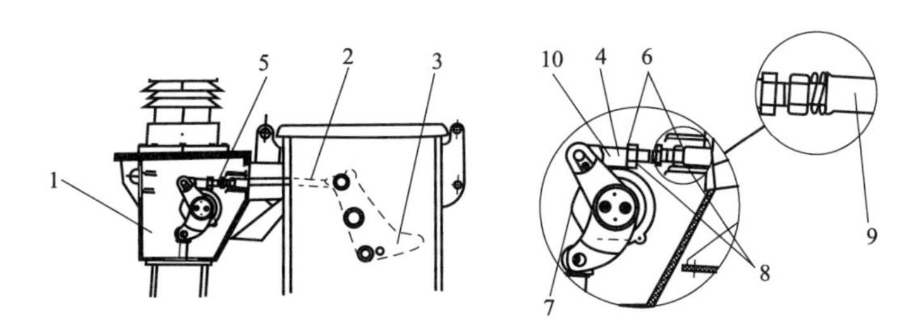

图 3-2 操动机构和断路器极柱间拉杆的调整

1—机构箱；2—操动机构拉杆；3—操作杠杆；4—断路器极柱耦合连接件；5—拉杆（松紧轴套）；6—弹簧垫圈；7—拐臂校正孔；8—自锁螺母；9—拉杆上的检查孔；10—耦合连接件上的检查孔

(6) 工作结束将作业现场清理干净。

(7) 工作人员撤离现场。

3.2.3 技术要求

(1) 机构箱内各部件体积较小，拆卸及安装时需注意数量核对，避免零件余留造成机构卡涩。

(2) 断路器机构箱由于厂家不同、型号不同存在差异，要认真研读厂家说明书技术要求。

3.2.4 其他注意事项

作业危险点分析及安全措施交底内容范例见表 3-3。

表 3-3 断路器操动机构检查危险点分析及安全措施交底内容范例

序号	危险点	安全措施
1	高处作业时坠落	作业人员应正确使用安全带
		应使用合格的登高工具并专人扶持，绑扎牢固
		工器具应系好保险绳或做好其他防坠落的可靠措施
2	在工作过程中受伤	作业中避免用力过猛
		对于工器具严格按安全规定正确使用
		机械部件要放置平稳避免夹手
3	物件遗留	作业后撤离前认真检查有无余留物品在设备上
4	人员精神状态、工器具是否合格等	按照规程规定不符合要求的作业人员应停止本次作业；不符合作业要求的工器具禁止带入现场应用于作业

3.3 断路器本体检查及停电外观清扫检查

断路器本体检查技术要求如下：

（1）绝缘支柱外表应无污垢沉积，无破损伤痕；法兰处无裂纹，与绝缘子胶合良好；均压电容无渗油。如有污物需清扫瓷套表面。

（2）三相连接搭头检查，三相搭头紧固，螺栓无锈蚀，导电部分无发热现象。

（3）灭弧室、均压电容、并联电阻外表应无污垢沉积，无破损伤痕，法兰处无裂纹，与绝缘子胶合良好。

（4）断路器本体及支架所有螺栓应无松动、锈蚀。如锈蚀则应刷漆处理。

（5）如有螺栓松动，应按规范力矩要求拧紧螺栓。

断路器停电外观清扫、检查、补漆工作可参考 2.2 介绍进行。

3.4 普 通 带 电 测 试

断路器普通带电测试工作运维人员可参考 2.3 介绍进行。

3.5 SF_6 断路器专业测试

六氟化硫断路器专业测试作业包括：交接验收试验、预防性试验、大修后试验项目、仪器设备要求作业程序、试验结果判断方法和试验注意事项等。该试验的目的是判定六氟化硫断路器的状况，能否投入使用或继续使用。为设备运行、监督、检修提供依据。

3.5.1 试验项目

（1）辅助和控制回路绝缘电阻及交流耐压。

（2）导电回路电阻。

（3）合、分闸时间及同期性以及合闸电阻预投入时间。

（4）合、分闸速度。

（5）断口并联电容器的电容量和 $\tan\delta$。

（6）合、分闸电磁铁的最低动作电压。

（7）断路器主回路对地、断口间及相间交流耐压。

3.5.2 试验方法及主要设备要求

3.5.2.1 辅助和控制回路绝缘电阻及交流耐压试验

（1）使用仪器。测量六氟化硫断路器辅助和控制回路绝缘电阻使用1000V绝缘电阻表，辅助和控制回路交流耐压值为1000V，可采用普通试验变压器或2500V绝缘电阻表代替。

（2）试验结果判断依据。

1）辅助和控制回路绝缘电阻不低于1MΩ。

2）在进行交流耐压试验前后绝缘电阻值不应降低。

（3）注意事项，试验时应记录环境温度。

3.5.2.2 导电回路电阻

（1）使用仪器。回路电阻测试仪（要求不小于100A）或双臂直流电桥。

（2）测量要求。将六氟化硫断路器合闸，将导电回路测试仪试验线接至断路器一次接线端上，注意电压线接在内侧，电流线接在外侧。

（3）试验结果判断依据。交接时和大修后导电回路电阻数值应符合制造厂的规定，运行中敞开式断路器的回路电阻不大于交接试验值的1.2倍，GIS中的断路器应符合制造厂的规定。

（4）注意事项。如采用直流压降法测量，则电流应不小于100A。

3.5.2.3 合、分闸时间及同期性

（1）使用仪器。

1）可调直流电压源。输出范围：电压为0～250V直流，电流应不小于5A，纹波系数不大于3%。

2）断路器特性测试仪1台，要求仪器时间精度误差不大于0.1ms，时间通道数应不少于6个。

（2）测量方法。

将断路器特性测试仪的合、分闸控制线分别接入断路器二次控制线中，用试验接线将断路器一次各断口的引线接入测试仪的时间通道。

将可调直流电源调至额定操作电压，通过控制断路器特性测试仪在额定操作电压及额定机构压力下对六氟化硫断路器进行分、合操作，记录各相合、分闸时间。三相合闸时间中的最大值与最小值之差即为合闸不同期；三相分闸时间中的最大值与最小值之差即为分闸不同期。

如果六氟化硫断路器每相存在多个断口，则应同时测量各个断口的合、分时间，并得出同相各断口合、分闸的不同期。

试验接线如图 3-3 所示，如果断路器带有合闸电阻，则应同时测量合闸电阻的预先投入时间。

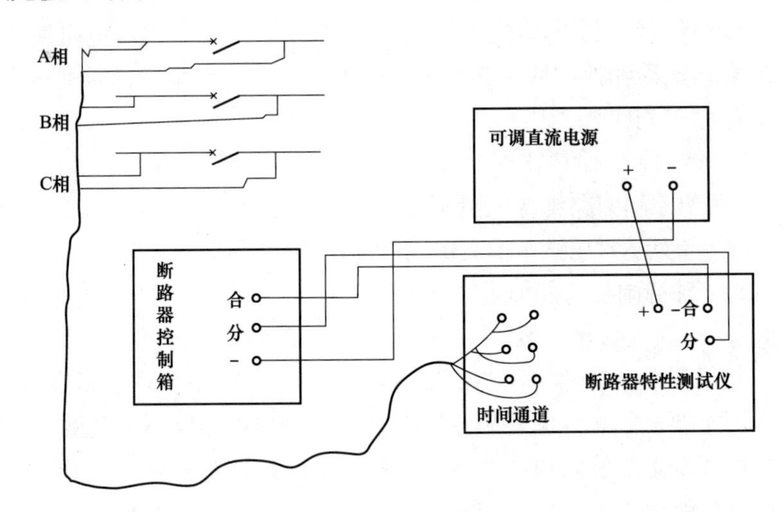

图 3-3　合、分闸时间及同期性试验接线

(3) 试验结果判断依据。

1) 合、分闸时间与合闸电阻预先投入时间应符合制造厂的规定。

2) 除制造厂另有规定外，断路器的分、合闸同期性应满足下列要求：

a) 相间合闸不同期不大于 5ms；

b) 相间分闸不同期不大于 3ms；

c) 同相各断口合闸不同期不大于 3ms；

d) 同相各断口分闸不同期不大于 2ms。

(4) 注意事项。

试验时也可采用站内直流电源作为操作电源；如果存在第二分闸回路，则应测量第二分闸回路的分闸时间、同期性和同相各断口的分闸的同期性。

3.5.2.4　合、分闸速度测试

(1) 使用仪器。

可调直流电压源，输出范围：电压为 0～250V 直流，电流应不小于 5A，纹波系数不大于 3%；断路器特性测试仪 1 台，要求仪器时间精度误差不大于 0.1ms，时间通道数应不少于 6 个，至少有 1 个模拟输入通道。

(2) 试验方法。

本项试验可结合断路器合、分闸时间试验同时进行，将测速传感器可靠固定，并将传感器运动部分牢固连接至断路器机构的速度测量运动部件上。利用断路器特性测试仪进行断路器合、分操作，根据所得的时间、行程特性求得合、分闸速度。

（3）试验结果判断依据。

合、分闸速度的测量方法及结果应符合制造厂的规定。

3.5.2.5 断口并联电容器的电容量和 tanδ。

（1）使用仪器。温度计（误差±1℃）、湿度计、介质损耗测试仪。

（2）试验方法。

断路器处于分闸位置时，参照各介质损耗测试仪进行试验接线，试验采用正接线法。

（3）试验结果判断依据。

交接时测量六氟化硫断路器各断口及并联电容并联后的电容量和介质损耗角正切，并作为该设备原始记录，以后试验应与原始值比较，应无明显变化。

（4）安全措施。

1）介质损耗试验中高压测试线电压约为 10kV，应注意测试高压线对地绝缘问题和人身安全。

2）介质损耗测试仪应良好接地。

3.5.2.6 合、分闸电磁铁的最低动作电压

（1）使用仪器。

可调直流电压源，输出范围：电压为 0～250V 直流，电流应不小于 5A，纹波系数不大于 3％。

（2）试验方法。

将直流电源的输出经隔离开关分别接入断路器二次控制线的合闸或分闸回路中，在一个较低电压下迅速合上并拉开直流电源出线隔离开关，断路器不动作，逐步提高此电压值，重复以上步骤，当断路器正确动作时，记录此前的电压值。则分别为合、分闸电磁铁的最低动作电压值。如果存在第二分闸回路，则应同时测量第二分闸回路电磁铁的最低动作电压。

（3）试验结果判断依据。

1）合闸电磁铁的最低动作电压不应大于额定电压的 80％，在额定电压的 80％～110％范围内可靠动作。

2）分闸电磁铁的最低动作电压应在额定电压的 30％～65％的范围内，在额定电压的 65％～120％范围内可靠动作。当电压低至额定电压的 30％或更低

时不应脱扣动作。

3.5.2.7 断路器主回路对地、断口间交流耐压

（1）使用仪器。

六氟化硫断路器交流耐压一般采用串联谐振回路，具体可分为工频串联谐振和变频串联谐振，试验回路分别如图 3-4 及图 3-5 耐压试验接线图所示，交流耐压试验值见表 3-4。

表 3-4　交流耐压试验电压值　kV

断路器额定电压		10	35	66	110	220	500
耐压值	出厂	42（28）	95	140	200	395	680
	交接大修	38（25）	85	155	180	356	612

注　括号内为电阻接地系统。

（2）试验方法。

耐压试验按图 3-4 及图 3-5 所示进行试验接线，对断路器进行合闸对地、断口间耐压，时间为 1min，耐压值见表 3-4 交流耐压试验电压值中所示。

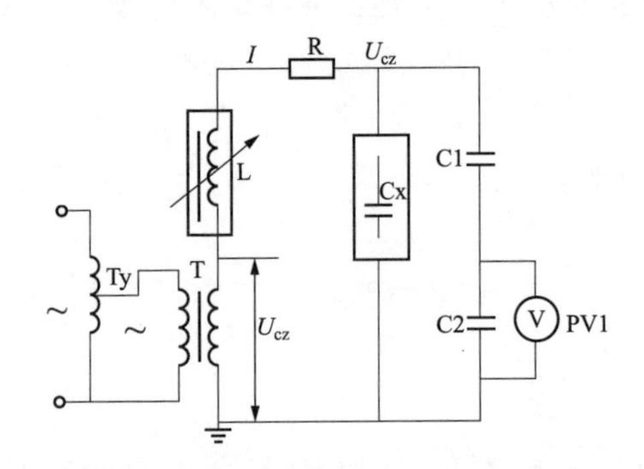

图 3-4　工频串联谐振耐压试验接线图

Ty—调压器；T—试验变压器；L—可调电抗器；R—限流电阻；Cx—被试品；C1、C2—电容分压器；PV1—电压表

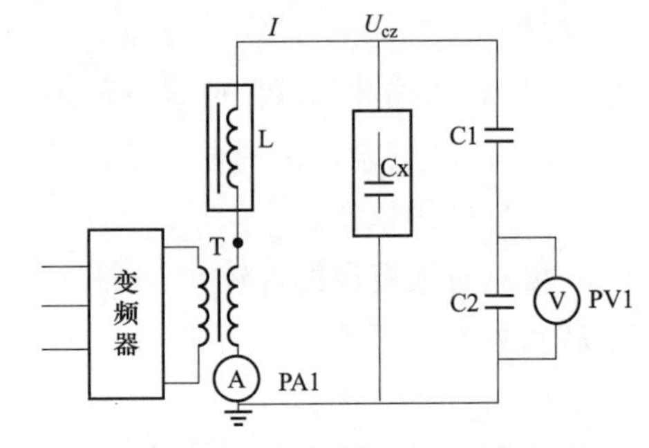

图 3-5　变频串联谐振耐压试验接线图

T—试验变压器；L—电抗器；Cx—被试品；C1、C2—电容分压器；PV1—电压表；PA1—电流表

（3）试验结果判断依据。

试验中无击穿、闪络视为通过。

（4）断路器主回路对地、断口间交流耐压工作安全措施。

1）为保证人身和设备安全，要求必须在试验设备周围设围栏并有专人监

护，负责升压的人要随时注意周围的情况，一旦发现异常应立刻断开电源停止试验，查明原因并排除后方可继续试验。

2）在试验过程中，如果发现电压表指针摆动很大，电流表指示急剧增加，发出绝缘烧焦气味、冒烟或发生响声等异常现象时，应立即降低电压，断开电源，对被试品进行接地放电后再对其进行检查。

3.5.3　原始记录与正式报告

（1）对原始记录与正式报告的要求。

1）原始记录的填写要字迹清晰、完整、准确，不得随意涂改，不得留有空白，并在原始记录上注明使用的仪器设备名称及编号。

2）当记录表格出现某些“表格”确无数据记录时，可用“/”表示此格无数据。

3）若确属笔误，出现记录错误时，允许用“单线划改”，并要求更改者在更改旁边签名。

4）原始记录应由记录人员和审核人员二级审核签字；试验报告应由拟稿人员、审核人员、批准人员三级审核签字。

5）原始记录的记录人与审核人不得是同一人，正式报告的拟稿人与审核/批准人不得是同一人。

6）原始记录及试验报告应按规定存档。

（2）试验原始记录的内容及格式。

试验原始记录的内容及格式参考表3-5。

表3-5　　六氟化硫断路器试验原始记录

标识与编号		试验日期	
试验负责人		试验参加人	
单　　位		断路器编号	
记　　录		审　　核	
铭　　牌			
型　　号		额定电压/kV	
额定电流/A		额定短路开断电流/kA	
绝缘水平/kV		操作顺序	
制造厂		出厂号	
出厂日期		备　　注	

续表

断路器辅助和控制回路绝缘电阻与交流耐压				
试验项目		技术要求		
辅助和控制回路绝缘电阻/MΩ				
辅助和控制回路交流耐压				
使用仪器		试验日期		
环境温度	℃			
导电回路电阻				
试验项目	技术要求	A相	B相	C相
回路电阻/μΩ				
使用仪器		试验日期		
环境温度	℃			
机械特性				
试验项目	技术要求	A相	B相	C相
合闸时间/ms				
同相合闸不同期				
合闸不同期				
合闸速度/(m/s)				
合闸电阻 预投入时间				
分闸1时间				
分闸1不同期				
同相分闸1不同期				
分闸速度/(m/s)				
分闸2时间				
分闸2不同期				
同相分闸2不同期				
使用仪器		试验日期		
环境温度	℃			
备　注				

断口并联电容器的电容量和介质损耗角正切						
	A相		B相		C相	
	电容量/pF	介质损耗/%	电容量/pF	介质损耗/%	电容量/pF	介质损耗/%
断口1						
断口2						
断口3						
断口4						
使用仪器			试验日期			
环境温度	℃					
备　注						

续表

最低动作电压				
试验项目	技术要求	A相	B相	C相
合闸最低动作电压/V				
分闸1最低动作电压/V				
分闸2最低动作电压/V				
使用仪器			试验日期	
环境温度	℃			
备　注	测量时采用突然加压法			
断路器交流耐压				
试验项目	技术要求	A相	B相	C相
合闸对地				
分闸断口间				
使用仪器			试验日期	
环境温度	℃			
备　注				

3.6　不停电操动机构处理

3.6.1　工作任务

（1）任务简介：断路器带电运行过程中操动机构箱内发生不影响其正常运行的异常及轻微故障等情况需要维护修理，如驱潮及温控加热器（以下简称加热器）损坏、监视及照明灯具损坏等，在不进行断路器停电或将操动机构机械闭锁的情况下进行维护修理的工作。

（2）材料需求：作业一般应用物品见表3-6。

表3-6　断路器不停电操动机构处理所需工器具、材料及防护用品一览表

项目	序号	物品名称	需求明细	单位	数量
工器具	1	标准工具箱		套	1
	2	断路器机构箱专用工具		套	1
材料	1	常用规格螺钉		套	2
	2	真空吸尘器		台	1
	3	破布	棉质	kg	5
	4	加热器	根据原安装加热器发热功率准备备品	盒	按需更换损坏个数1～2

续表

项目	序号	物品名称	需求明细	单位	数量
材料	5	灯具	根据原安装灯座尺寸及灯泡功率准备备品	套	按需更换损坏个数1～2
	6	万用表		块	1
	7	控制开关及配线	根据原安装开关容量准备	套	按需更换损坏个数1～2
防护用品	1	常用人员安全劳动保护用品		套	2

3.6.2 工作流程

（1）检查工器具合格且好用。

（2）进行异常及故障情况确认，根据巡检结果及异常情况记录判定故障范围及具体位置。

1）检查加热器回路是否异常。首先合上加热器控制开关，用万用表交流电压挡在加热器接线两端测量其外部电压是否正常，以判明加热器控制回路无问题。判明后拉开加热器控制开关，在加热器停电情况下利用测量回路电阻法测量加热器判断是否为加热器内部断路发生损坏无法使用，从而确认加热器有无更换的必要。

2）监视及照明灯具损坏判定。同加热器故障判定基本步骤相同，区别在于判断监视及照明灯之前必须确认损坏的监视及照明灯具位置及其更换确实不影响断路器正常运行，另外使用万用表测量灯具时需分别测量判断其控制回路、灯座及灯泡有无问题。

（3）在确认需进行更换后，进行需要替换物件的拆卸，先拆除引线后再拆除物件。

（4）将新更换的物件进行安装固定并恢复接线。

（5）合上控制开关进行试运行，试运行无问题后根据现场需要断开或合上控制开关。

（6）工作结束清理现场，将作业现场清理干净。

（7）工作人员撤离现场。

3.6.3 技术要求

（1）使用万用表进行故障判断测量时要严格执行先确认挡位再进行测量工作，严禁在测量过程中切换测量挡位或使用错误的挡位进行测量工作。

（2）在工作中由于备品尺寸不同会导致安装固定困难，此时在无合适备品可以替换原备品的情况下应重新测量改变固定螺孔孔距进行安装作业。

（3）进行加热器更换工作，更换的加热器备品发热功率应与所替换损坏的加热器发热功率相同，如不同需分析判断其使用时对机构箱内温度控制无影响。

（4）在判断故障范围时如若判别为控制回路故障需更换控制开关及接线，工作要求可参考2.9介绍。

3.6.4　其他注意事项

作业危险点分析及安全措施交底内容范例见表3-7。

表3-7　不停电操动机构处理作业危险点分析及安全措施交底范例

序号	危险点	安全措施
1	高处作业时坠落	作业人员应正确使用安全带
		应使用合格的登高工具并专人扶持，绑扎牢固
		工器具应系好保险绳或做好其他防坠落的可靠措施
2	在工作过程中受伤	因进行带电维护，更换中对于可能误碰传动机构部分或突然出现断路器动作情况时，在开关动作时应立即停止工作撤离工作现场，待确认可工作后方可恢复工作，另工作中需加强监护，防止作业人员手等身体部位深入或碰触传动部件
		试运行时人员需撤离机构工作位置，在判断加热器有无加热时不得直接触摸加热器，试验有无问题应注意安全距离
		作业中避免用力过猛
		严格按安全规定正确使用工器具
		机械部件要放置平稳避免夹手
3	物件遗留	作业后撤离前认真检查有无余留物品在设备上
4	人员精神状态、工器具是否合格等	按照规程规定不符合要求的作业人员应停止本次作业；不符合作业要求的工器具禁止带入现场应用于作业

3.7　专业巡检

敞开式断路器巡检项目及标准见表3-8。

表 3-8　　　　敞开式断路器巡检项目及标准

部件	项目及标准	备注
本体	（1）瓷质部分清洁，无裂纹、放电痕迹及其他异常现象	
	（2）内部无异声及放电声	
	（3）实际分合闸状态与分、合闸指示器、电气位置指示相一致	
	（4）SF_6 压力指示在正常范围内（根据压力/温度曲线）	
导引线	（1）引线线夹压接牢固、接触良好，无发热现象	
	（2）引线无断股、散股、烧伤痕迹	
	（3）引下线驰度适中，摆动正常	
	（4）无挂落异物	
操动机构	（1）断路器在运行状态“远控/近控”切换开关应置于“远控”位置	
	（2）密封良好，干燥，无变形锈蚀、接地良好	
	（3）二次线无松脱及发热现象	
	（4）各电源开关、熔丝及温控除湿装置投入正确	
	（5）机构箱内其他元件完好	
	（6）箱内清洁，无异常气味	
	（7）孔洞封堵严密	
	（8）箱内照明良好	
	（9）弹簧操动机构储能指示正常	弹簧机构
	（10）断路器仓网关好无破损，断路器仓内无异物	室内设备
端子箱	（1）各电源开关、熔丝及温控除湿装置投入正确	
	（2）密封良好，干燥，无变形锈蚀、接地良好	
	（3）内部清洁，无异常气味	
	（4）箱内照明良好	
	（5）二次线无松脱及发热现象	
	（6）孔洞封堵严密	
其他	（1）设备编号、标示齐全、清晰、无损坏，相色标示清晰、无脱落	
	（2）基础无倾斜、下沉	
	（3）架构完好无锈蚀、接地良好	

其他断路器专业巡检工作可参考 2.7 介绍进行。

第 4 章

隔离开关典型维护性项目及技术要求

高压隔离开关由于没有专门的灭弧装置，所以只能在开断前或关合过程中电路无电流或接近无电流的情况下开断和关合电路。隔离开关主要的作用有隔离、换接、关合与开断三方面。

隔离作用是指将需要检修的电力设备与带电的电网隔离，以保证检修人员的安全。

换接作用主要指换接线路或母线。隔离开关的换接操作必须在等电位情况下方能进行，采取先合后拉的顺序操作。

关合与开断作用指由于隔离开关没有灭弧装置，所以只能用它关合和开断空载电力设备、电压互感器、避雷器等小电流回路的电流。

4.1 停 电 清 扫

4.1.1 工作任务

（1）任务简介：隔离开关处于停电检修状态，对其进行清扫作业。

（2）材料需求：作业一般应用物品见表 4-1。

表 4-1　　隔离开关停电清扫所需工器具、材料及防护用品一览表

项目	序号	物品名称	需求明细	单位	数量
工器具	1	标准工具箱		套	1
材料	1	酒精		罐	1
	2	破布	棉质	kg	5
防护用品	1	常用人员安全劳动保护用品		套	2

4.1.2 工作流程

(1) 检查工器具合格且好用。

(2) 绝缘子检查、清扫。绝缘子外观无损伤，裂纹，法兰浇装处无开裂，有防水措施，法兰无锈蚀；上下法兰螺丝完好，无锈蚀，孔内无杂物，绝缘子表面清洁。

(3) 机构箱检查。箱体无锈蚀密封、门锁完好，内部清洁。

(4) 工作结束，现场清理干净。

(5) 工作人员撤离现场。

4.1.3 技术要求

(1) 高处维护工作一般要求。

1) 使用高空作业车应有专人指挥。

2) 传送油漆用传递绳并绑扎牢固。

(2) 隔离开关绝缘子属于四小瓷件之一，攀登构架进行工作人体不得攀登或俯趴在隔离开关绝缘子上。

(3) 带有防污闪伞裙的隔离开关在清扫过程中要注意将绝缘子沿内部轻擦干净。

4.1.4 其他注意事项

作业危险点分析及安全措施交底内容范例见表 4-2。

表 4-2　　隔离开关停电清扫作业危险点分析及安全措施交底范例

序号	危险点	安全措施
1	高处作业时坠落	作业人员应正确使用安全带
		应使用合格的登高工具并专人扶持，绑扎牢固
		工器具应系好保险绳或做好其他防坠落的可靠措施
2	使用高空作业车触碰带电设备	高空作业车应与带电设备保持安全的距离，作业车应有可靠接地
		工作人员在作业车上应系好安全带
		要保证下方无工作人员
3	误损瓷件	清擦瓷件时不得登爬、踩踏瓷件
		避免携带不必要的金属工器具进行瓷件清擦及补油作业
		碰触瓷件位置不理想的方向使用高空作业车作业时，不得为了作业便利将人身趴至在瓷件之上
4	物件遗留	作业后撤离前认真检查有无余留物品在设备上
5	人员精神状态、工器具是否合格等	按照规程规定不符合要求的作业人员应停止本次作业；不符合作业要求的工器具禁止带入现场应用于作业

4.2　导电回路检查、维护

4.2.1　工作任务

（1）任务简介：隔离开关处于停电检修状态，对其导电回路各元件进行检查并根据检查结果进行维护处理。

（2）材料需求：作业一般应用物品见表 4-3。

表 4-3　隔离开关导电回路检查、维护作业所需工器具、材料及防护用品一览表

项目	序号	物品名称	需求明细	单位	数量
工器具	1	标准工具箱		套	1
材料	1	常用规格螺钉		套	1
	2	酒精		罐	1
	3	导电脂		罐	1
	4	砂纸	细砂	张	3
	5	破布	棉质	kg	5
	6	隔离开关导电回路备品	按所检查维护设备型号准备	套	1
防护用品	1	常用人员安全劳动保护用品		套	2

4.2.2　工作流程

（1）检查工器具合格且好用。

（2）引线触点检查维护。

1）检查隔离开关接点。引线为钢芯铝绞线时，应检查引线头部进入隔离开关接线板尺寸是否适中、引线有无断股破损，如出现断股破损应用软铝片绑扎工艺进行修复处理。若引线为铝排、铜管等应检查外附着氧化层或油漆滴落、腐蚀是否严重，若需处理应使用细砂纸打磨去除氧化层或附着物，若为铜铝结合部还应均匀涂抹导电脂。

2）检查触点螺栓有无脱扣或断裂，若发现螺栓出现脱扣或断裂的要进行更换，更换时应更换同型号螺栓。

3）检查接线板有无变形及由于金属疲劳造成的裂纹，发现应及时进行更换。检查接线板与引线连接后受力无过大现象且持度适中，若与其他相引线比较有明显变形或吃力较大现象时应重新调整引线接入接线板的角度，防止运行后长期受力造成绝缘子受力过大造成断裂。

（3）触指及触头检查维护。

1）防弧罩无裂纹及破损，若发现应更换。

2）触头及触指表面无氧化层及附着物，严重时打磨处理方法同引线触点维护方法类同，若触指烧伤面积超过说明书规定尺寸应进行更换。

3）触指软连接部分应完好无断股烧损现象，触头与导电杆连接部位螺栓紧固且无锁扣断裂。

4）触指与触头咬合紧密，接触良好。

（4）导电杆检查维护。

1）导电杆表面清洁无变形，如为剪刀式隔离开关还应检查销针是否齐全且无断裂，本体中间部位有支持绝缘子的导电杆与绝缘子连接件也应检查紧固是否良好。

2）导电杆插入深度适中，固定导电杆螺栓受力均匀且紧固。

（5）进行分合闸试验。进行分合闸试验，检查同期是否满足要求、分合闸后各元件位置正确，引线及触点角度正常，有无卡涩及异音。

（6）工作结束，现场清理干净。

（7）工作人员撤离现场。

4.2.3 技术要求

（1）打磨氧化层及附着物时力度要适中且均匀进行打磨，槽型及管型部位打磨时需打磨面打磨要均匀进行，应使用细砂纸进行打磨，为防止导电性能降低不宜用粗砂纸或钢锉进行打磨。

（2）紧固螺栓应多轮次逐个进行紧固，力度适中防止脱扣，保证由多组螺栓固定的触点部位各螺栓平均受力。

（3）进行分合试验调整隔离开关导电部分时应采用手动分合，且慢分慢合，分合过程中应检查电动控制开关在分闸位置，分合时隔离开关上部不准站立。手动分合试验无问题后才可进行电动分合闸试验。

4.2.4 其他注意事项

作业危险点分析及安全措施交底内容范例见表4-4。

表4-4 隔离开关导电回路检查、维护作业危险点分析及安全措施交底范例

序号	危险点	安全措施
1	高处作业时坠落	作业人员应正确使用安全带
		应使用合格的登高工具并专人扶持，绑扎牢固
		工器具应系好保险绳或做好其他防坠落的可靠措施

续表

序号	危险点	安全措施
2	使用高空作业车触碰带电设备	高空作业车应与带电设备保持安全的距离，作业车应有可靠接地
		工作人员在作业车上应系好安全带
		应保证下方无工作人员
3	误损瓷件	工作中不得登爬瓷件、踩踏瓷件
		避免携带不必要的金属工器具进行瓷件清擦及补油作业
		碰触瓷件位置不理想的方向使用高空作业车时，不得为了作业便利将人身趴至在瓷件之上
4	物件遗留	作业后撤离前认真检查有无余留物品在设备上
5	人员精神状态、工器具是否合格等	按照规程规定不符合要求的作业人员应停止本次作业；不符合作业要求的工器具禁止带入现场应用于作业

4.3　接地开关检查

4.3.1　工作任务

（1）任务简介：隔离开关接地开关处于停电检修状态，对其进行检查维护作业。

（2）材料需求：作业一般应用物品见表 4-5。

表 4-5　　接地开关检查作业所需工器具、材料及防护用品一览表

项目	序号	物品名称	需求明细	单位	数量
工器具	1	标准工具箱		套	1
材料	1	常用规格螺钉		套	1
	2	酒精		罐	1
	3	导电脂		罐	1
	4	砂纸	细砂	张	3
	5	破布	棉质	kg	5
防护用品	1	常用人员安全劳动保护用品		套	2

4.3.2　工作流程

（1）接地开关外观检查。

1）检查静触头、触头刀片、导向板与托架、驱动相导电杆是否干净、无卡涩。

2）机械闭锁装置应牢固可靠。

3）检查前应挂好临时接地线，对于脏污部分应进行清擦。

（2）分合位置检查。

1）接地开关合闸位置检查：在合闸位置时各动力臂均为垂直且动触头正确地在静触头上对中（静触头露出 2/3）。接地开关三相合闸不同期小于等于 20mm。

2）接地开关分闸后落在终点限位片上。

（3）分合检查。

接地开关动作灵活，无卡涩，辅助开关切换位置准确可靠，与主隔离开关的切换配合符合要求。

（4）机械闭锁、电气联锁情况及五防功能检查。

1）主隔离开关与接地开关机械闭锁可靠，电气回路连锁准确可靠。

2）“五防”装置外观无损坏，接线无松动。隔离开关闭锁回路正常。

4.3.3 技术要求

高处维护工作一般要求以下：

（1）使用高空作业车应有专人指挥；

（2）传送物件用传递绳并绑扎牢固。

4.3.4 其他注意事项

作业危险点分析及安全措施交底内容范例见表 4-6。

表 4-6　接地开关检查作业危险点分析及安全措施交底范例

序号	危 险 点	安全措施
1	高处作业时坠落	作业人员应正确使用安全带
		应使用合格的登高工具并专人扶持，绑扎牢固
		工器具应系好保险绳或做好其他防坠落的可靠措施
2	使用高空作业车触碰带电设备	高空作业车应与带电设备保持安全的距离，作业车应有可靠接地
		工作人员在作业车上应系好安全带
		应保证下方无工作人员
3	物件遗留	作业后撤离前认真检查有无余留物品在设备上
4	人员精神状态、工器具是否合格等	按照规程规定不符合要求的作业人员应停止本次作业；不符合作业要求的工器具禁止带入现场应用于作业

4.4　传动部件检查、维护，加润滑油

4.4.1　工作任务

（1）任务简介：对隔离开关传动部件进行检查及维护，传动轴、齿轮咬合部位等加润滑油。

（2）材料需求：作业一般应用物品见表4-7。

表4-7　　传动部件检查作业所需工器具、材料及防护用品一览表

项目	序号	物品名称	需求明细	单位	数量
工器具	1	标准工具箱		套	1
材料	1	酒精		罐	1
	2	润滑脂	二硫化钼锂基	盒	2
	3	凡士林	中性	盒	2
	4	破布	棉质	kg	25
防护用品	1	常用人员安全劳动保护用品		套	2

4.4.2　工作流程

（1）就地和远方各进行2次操作，检查传动部件是否灵活。

（2）接地开关的接地连接良好。

（3）检查操动机构内、外积污情况，必要时需进行清洁。

（4）检查螺栓螺母是否有松动，是否有部件磨损或腐蚀。

（5）检查支柱绝缘子表面和胶合面是否有破损或腐蚀。

（6）检查动、静触头的损伤、烧损和脏污情况，情况严重时应予以更换。

（7）检查触指弹簧压紧力是否符合技术要求，不符合要求的应予以更换。

（8）检查联锁装置功能是否正常。

（9）检查辅助回路和控制回路电缆、接地线是否完好，用1000V绝缘电阻表测量电缆的绝缘电阻，应无显著下降。

（10）检查加热器功能是否正常。

（11）按设备技术文件要求对轴承等活动部件进行润滑。

4.4.3　技术要求

（1）使用高空作业车应有专人指挥。

（2）传送物件用传递绳并绑扎牢固。

(3) 进行检查操作时，应先采取就地后采取远方，先手动就地后电动就地的方式进行。

4.4.4 其他注意事项

作业危险点分析及安全措施交底内容范例见表4-8。

表4-8 传动部件检查作业危险点分析及安全措施交底范例

序号	危险点	安全措施
1	高处作业时坠落	作业人员应正确使用安全带
		应使用合格的登高工具并专人扶持，绑扎牢固
		工器具应系好保险绳或做好其他防坠落的可靠措施
2	使用高空作业车触碰带电设备	高空作业车应与带电设备保持安全的距离，作业车应有可靠接地
		工作人员在作业车上应系好安全带
		应保证下方无工作人员
3	物件遗留	作业后撤离前认真检查有无余留物品在设备上
4	人员精神状态、工器具是否合格等	按照规程规定不符合要求的作业人员应停止本次作业；不符合作业要求的工器具禁止带入现场应用于作业

4.5 机构箱检查

隔离开关机构箱检查工作运维人员可参考2.3断路器典型维护性项目及技术要求介绍进行。

4.6 带电测试

隔离开关带电测试工作本节仅介绍隔离开关带电绝缘子探伤工作方法，红外测试可参考2.3.1进行。

4.6.1 工作任务

(1) 任务简介：为避免隔离开关带电运行中绝缘子出现的肉眼直观无法发现的裂纹损伤发展导致事故发生，需在带电状态下进行绝缘子损伤探测，以保证及时发现设备隐患防止事故发生或扩大的带电测试工作。

(2) 材料需求：绝缘子探伤工具一部（白噪声绝缘子探伤仪或紫外线探伤仪均可），照相机一部，常用人员安全劳动保护用品（工作服、绝缘鞋、安全帽）。

4.6.2 工作流程

(1) 查绝缘子探伤工具。

1）开机是否正常，其电源指示电量是否够用，电量不足时应更换电池，配用专用电池的仪器应事先做好电池充电工作。

2）检查探伤仪镜头是否清洁，有无污浊物覆盖。

3）需进行周期性检验的探伤工具其粘贴的检测标签注明的日期是否标明该仪器在合格使用期间内。

4）开机后进行仪器校准，其各种测试指标是否符合使用说明及该次探测需求，不符合者应手工校准，校准后在可参考物体上进行试机判定该设备探测数据正确。

（2）工作人员穿戴合格的安全劳动保护用品携带探测工具延巡视道进入设备场地。

（3）根据工作计划需求对隔离开关各侧绝缘子及绝缘子各方向表面进行探测。

（4）使用白噪声绝缘子探伤仪探测后将数据导出后对探测图片进行分析，使用紫外线探伤仪使用相机拍照后导出探测图片进行分析。

（5）将探测分析结果记入记录簿，有缺陷及异常情况的按运行管理制度规定提报缺陷及异常情况。

4.6.3 技术要求

（1）因紫外探伤仪仅可在夜晚使用，所以应按进行探测工作计划时间选择合适的探伤仪进行测试。

（2）紫外探伤仪对环境光线要求较高，应根据探测环境实际情况按说明书更换滤光片。

（3）探伤工作应探测全面，对绝缘子各方向均应进行测试，特别是使用紫外探伤仪进行测试时应变换角度进行全方位探测，不可单纯通过一个方向的测试数据来判断探伤结果。

4.6.4 其他注意事项

（1）如前期已经有探伤异常情况存在的设备在本次探伤时要特别注意并进行异常内容与本次探测结果比对，检查缺陷情况是否有发展，按标准是否有必要提高缺陷及隐患等级。

（2）探测结果应记录好先后测试设备的顺序，避免导出数据出现核对位置错误。

（3）探测导出的探测图片应留存以便于周期性比对分析。

（4）当出现探测结果异常情况时应反复多次探测以确认探测数据的准确性。

（5）如处于低温时进行此项工作，需根据仪器使用说明判断当前温度是否适合进行探测工作，可采取给测试仪器增加保温措施后再进行室外测温工作的方法。应注意外部温度对仪器指示及电量的影响，可缩短测试时间分成多个测试阶段对绝缘子进行各部位测试。当仪器指示出现明显错误时应停止测试。

（6）使用白噪声绝缘子探伤仪探测时探测结果如图 4-1 和图 4-2 所示，分

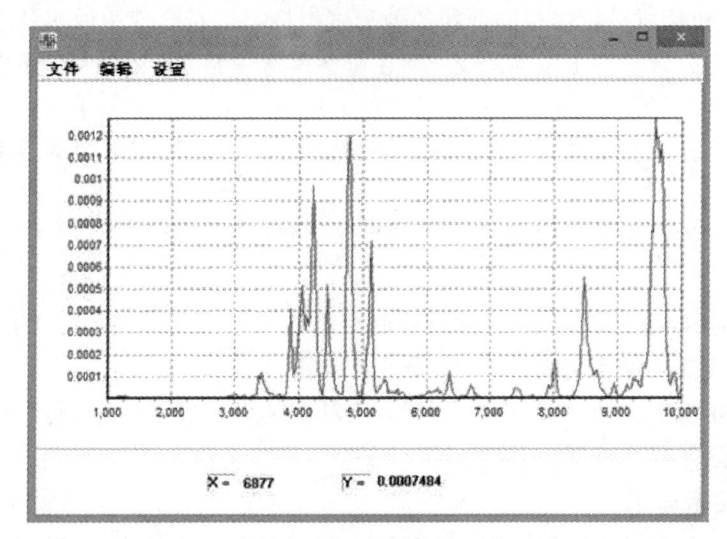

图 4-1 白噪声绝缘子探伤仪有损伤探测图

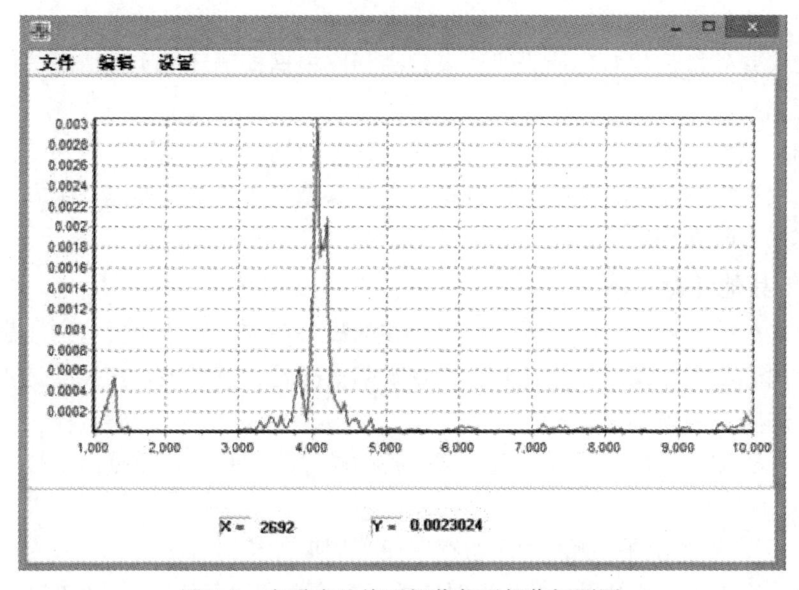

图 4-2 白噪声绝缘子探伤仪无损伤探测图

别表示有损伤和无损伤。在进行探测过程中可根据导出图片分析绝缘子是否有损伤且损伤部位的大致部位，为进一步分析设备运行工况提供可靠数据支撑。

4.7　不停电操动机构处理

隔离开关机构箱不停电检查处理工作运维人员可参考3.2介绍进行。

第5章

电流互感器典型维护性项目及技术要求

5.1 电流互感器例行试验

5.1.1 工作任务

（1）任务简介：对电流互感器进行例行试验工作包括红外热像检测、油中溶解气体分析（油纸绝缘）、绝缘电阻测量、电容量和介质损耗因数（固体绝缘或油纸绝缘）测量、SF_6 气体湿度检测（SF_6 绝缘）。

（2）材料需求：作业一般应用物品见表5-1。

表5-1　电流互感器例行试验所需工器具、材料及防护用品一览表

项目	序号	物品名称	需求明细	单位	数量
工器具	1	标准工具箱		套	1
	2	红外测温仪		台	1
	3	绝缘电阻表	2500V	台	1
材料	1	破布	棉质	kg	5
	2	其他试验用仪器	根据实际工作要求准备		
防护用品	1	常用人员安全劳动保护用品		套	2

5.1.2 工作流程

（1）检查工器具合格且好用。

（2）红外热像检测。

检测高压引线连接处、电流互感器本体等，红外热像图显示应无异常温升、温差和相对温差。

（3）油中溶解气体分析（油纸绝缘）。

取样时，需注意设备技术文件的特别提示（如有），并检查油位应符合设备技术文件相应要求。制造商明确禁止取油样时，宜作为诊断性试验。

（4）绝缘电阻测量。

采用2500V绝缘电阻表测量。当有两个一次绕组时，还应测量一次绕组间的绝缘电阻。一次绕组的绝缘电阻应大于3000MΩ，或与上次测量值相比无显著变化。有末屏端子的，测量末屏对地绝缘电阻。测量结果应符合要求。

（5）电容量和介质损耗因数（固体绝缘或油纸绝缘）测量。

1）测量前应确认外绝缘表面清洁、干燥。如果测量值异常（测量值偏大或增量偏大），可测量介质损耗因数与测量电压之间的关系曲线，测量电压从10kV到$U_m/\sqrt{3}$，介质损耗因数的增量应不大于±0.003，且介质损耗因数不超过0.007（$U_m \geqslant 550$kV时）、0.008（U_m为363kV/252kV）、0.01（U_m为126kV/72.5kV）。

2）当末屏绝缘电阻不能满足要求时，可通过测量末屏介质损耗因数做进一步判断，测量电压为2kV，通常要求小于0.015。

（6）SF_6气体湿度检测。

1）设备新投运应测试一次，若接近注意值，半年后应再测一次。

2）新充（补）气48h之后至两周之内应测量一次。

3）气体压力明显下降时，应定期跟踪测量气体湿度。

5.1.3　技术要求

（1）电流互感器红外热像检测周期分别为：330kV及以上，1个月；220kV，3个月；110kV/66kV，半年。

（2）油中溶解气体分析的基准周期；

1）正立式小于等于3年。

2）倒置式小于等于6年。

（3）绝缘电阻测量的基准周期为3年，试验符合相关要求。

1）一次绕组初值差不超过－50%。初值差＝（检测结果－初值）/初值×100%。

2）末屏对地（电容型）小于1000MΩ。

（4）电容量和介质损耗因数（固体绝缘或油纸绝缘）为3年，试验符合相关要求。

1）电容量初值差不超过±5%。

2）介质损耗因数tanδ满足表5-2的要求。

表 5-2　介质损耗因数的取值范围

U_m（kV）	126/72.5	252/363	≥550
tan δ	≤0.008	≤0.007	≤0.006

注：聚四氟乙烯缠绕绝缘小于等于 0.005。

（5）SF_6 气体湿度检测（SF_6 绝缘）为 3 年小于等于 500μL/L。

5.1.4　其他注意事项

作业危险点分析及安全措施交底内容。

（1）高处作业时防止坠落，应正确使用安全带；应使用合格的登高工具并专人扶持，绑扎牢固；工器具应系好保险绳或做好其他防坠落的可靠措施。

（2）检查时应防止误碰其他设备，做好监护工作。

5.2　电流互感器停电清扫、检查、补漆

5.2.1　工作任务

电流互感器停电外观清扫、检查、补漆工作可参考 2.2 介绍进行，作业一般应用物品见表 5-3。

表 5-3　电流互感器停电清扫、检查、补漆工作所需工器具、材料及防护用品一览表

项目	序号	物品名称	需求明细	单位	数量
工器具	1	标准工具箱		套	1
材料	1	油漆	黄、绿、红、灰	罐	按颜色各 1
	2	防腐漆	灰	桶	2
	3	底漆（红丹）	红	罐	4
	4	毛刷	8～10cm	把	4
	5	破布	棉质	kg	25
	6	钢丝刷		把	2
防护用品	1	棉手套		副	5
	2	安全带	标准	条	3

5.2.2　工作流程

（1）外观清扫检查。三相标示牌清晰完整，外绝缘表面清洁，无裂纹及放电痕迹，无破损、老化。金属铁件部分无锈蚀现象，相序漆指示明显无脱落现象。

（2）互感器二次接线盒检查。箱体无锈蚀密封、门锁完好，内部清洁。

（3）互感器套管清扫。清扫套管应用破布均匀擦拭，先上后下，擦拭彻

底，不留死角。

（4）工作结束，清理现场。将作业现场清理干净；工作人员撤离现场。

5.2.3　技术要求

（1）补漆。

1）补漆前应用钢丝刷除掉快脱落的旧漆。

2）补漆时应均匀、不起泡、厚薄度一样，无遗漏处。

（2）除锈、防锈工艺要求。

1）除锈。用钢丝刷将设备构架、外壳氧化层去掉，用铁砂布细加工去锈，先里后外、先上后下、先重后轻，去锈应彻底。

2）防锈。先刷一遍底漆，后刷防锈漆，刷二遍，刷油漆按先里后外、先上后下、从远处到登高设备处，每一遍刷油漆间隔时间以油干为准，每一遍刷油漆应均匀、不起泡、厚薄度一样，无遗漏处。

（3）高处维护（相色油漆、除锈补漆）。

1）使用高空作业车应有专人指挥。

2）传送油漆用传递绳并绑扎牢固。

5.2.4　其他注意事项

（1）高处作业时防坠落：应正确使用安全带；应使用合格的登高工具并专人扶持，绑扎牢固；工器具应系好保险绳或做好其他防坠落的可靠措施。

（2）使用高空作业车防触碰带电设备：高空作业车应与带电设备保持安全的距离；工作人员在作业车上应系好安全带；并保证下方无工作人员。

5.3　普通带电测试

5.3.1　工作任务

（1）任务简介：用地网导通电阻测试仪测量接地引下线导通电阻值，通过历年测试值及相邻点测试值比较来判定故障点。

（2）材料需求：接地网导通电阻测试仪一部，常用人员安全劳动保护用品（工作服、绝缘鞋、安全帽）。

5.3.2　工作流程

（1）对测量设备校零：将测量线放开拉直短路校零。

（2）确定与接地网连接合格的接地引下线作为基准。

一般选择多点接地的电器设备作为基准点，如变压器、龙门架等。

5.3.3 技术要求

（1）测量基准点和被测点（相邻设备接地引下线）之间的导通电阻。

（2）在被测接地引下线与试验接线的连接处，使用锉刀锉掉防锈的油漆，露出有光泽的金属。

（3）在工作区域严禁高、低空甩接线和抛接物；放线、收线中，线不离手，线随人走；接地测量点高度选择不宜超过离地 0.5m（尽可能保持同一高度）。

（4）测试标准：导通电阻大于等于 20mΩ，导通电阻初值差小于等于 50%。

5.3.4 其他注意事项

（1）工器具不合格。检查安全工器具、劳动防护用品是否合格齐备。

（2）作业人员进入作业现场及铺设测试线时，可能会发生与带电设备保持距离不够情况。注意与带电设备分别保持足够的安全距离（220kV，大于等于3m；110kV，大于等于 1.5m；10kV，大于等于 0.7m）。在工作区域严禁高、低空甩接线和抛接物。

（3）试验中试验人员误碰测试线夹导电部分。试验中，试验人员应待测试完成，断开电源后，方可变更试验接线。

（4）工作中未指定专责监护人。工作中应指定专人，监护测试所需的放线、收线工作和接地测量点表面去漆除锈工作。

（5）雷雨天气或系统接地故障时进行工作。遇有雷雨天气或系统接地故障，不得进行接地引下线导通试验，应停止工作，撤离现场。

5.4 专业带电测试

电流互感器带电红外测试工作可参考 2.3 介绍进行。

电流互感器进行带电绝缘子探伤工作可参考 4.6 介绍进行。

5.5 带电防腐处理

5.5.1 工作任务

（1）任务简介：电流互感器处于带电运行中，在不影响其正常运行情况下对其非带电可工作部位进行防腐处理的工作。

（2）材料需求：检查工器具，作业一般应用物品见表5-4。

表5-4　　带电防腐处理所需工器具、材料及防护用品一览表

项目	序号	物品名称	需求明细	单位	数量
工器具	1	标准工具箱		套	1
材料	1	油漆	黄、绿、红、灰	罐	按颜色各1
	2	防腐漆	灰	桶	2
	3	底漆（红丹）	红	罐	4
	4	毛刷	8～10cm	把	4
	5	破布	棉质	kg	25
	6	钢丝刷		把	2
防护用品	1	棉手套		副	5
	2	安全带	标准	条	3
	3	绝缘梯	2m、4m	副	1
作业文件	1	工作票编号		副	1
	2	作业文件（说明书、图纸）			
其他（录音笔、红马甲）					

5.5.2　工作流程

（1）互感器基座、二次接线盒及以下检查：

1）基座金属铁件部分无锈蚀现象。

2）箱体无锈蚀密封、门锁完好，内部清洁。

（2）工作结束，清理现场。将作业现场清理干净；工作人员撤离现场。

5.5.3　技术要求

除锈、防锈工艺要求如下：

（1）除锈。用钢丝刷将设备构架、外壳氧化层去掉，用铁砂布细加工去锈，先里后外、先上后下、先重后轻，去锈应彻底。

（2）防锈。先刷一遍底漆，后刷防锈漆，刷二遍，刷油漆按先里后外、先上后下、从远处到登高设备处，每一遍刷油漆间隔时间以油干为准，每一遍刷油漆应均匀、不起泡、厚薄度一样，无遗漏处。

5.5.4　其他注意事项

高处作业时防坠落应正确使用安全带；应使用合格的登高工具并专人扶持，绑扎牢固；工器具应系好保险绳或做好其他防坠落的可靠措施。

5.6 专 业 巡 检

电流互感器巡视项目及标准见表5-5。

表5-5 电流互感器巡视项目及标准

序号	项 目 及 标 准	备注
1	外观检查	
2	高压引线、接地线等连接正常	
3	本体无异常声响或放电声	
4	瓷套无裂纹	
5	复合绝缘外套无电蚀痕迹或破损	
6	无影响设备运行的异物	
7	充油的电流互感器无油渗漏，油位正常，膨胀器无异常升高	
8	充气的电流互感器气体密度值正常，气体密度表（继电器）无异常	
9	二次电流无异常	

其他电流互感器专业巡检工作要求运维人员可参考2.7介绍进行。

第 6 章

电压互感器典型维护性项目及技术要求

6.1 电压互感器例行试验

6.1.1 工作任务

（1）任务简介：对电压互感器进行例行试验工作包括红外热像检测、油中溶解气体分析（油纸绝缘）、绕组绝缘电阻、绕组绝缘介质损耗因数、SF_6 气体湿度检测（SF_6 绝缘）。

（2）材料需求：作业一般应用物品见表 6-1。

表 6-1 电压互感器例行试验所需工器具、材料及防护用品

项目	序号	物品名称	需求明细	单位	数量
工器具	1	标准工具箱	·	套	1
	2	红外测温仪		台	1
材料	1	破布	棉质	kg	5
	2	其他试验用仪器	根据实际工作要求准备		
防护用品	1	常用人员安全劳动保护用品		套	2

6.1.2 工作流程

（1）检查工器具合格且好用。

（2）红外热像检测。

检测高压引线连接处、电压互感器本体等，红外热像图显示应无异常温升、温差和相对温差。

（3）油中溶解气体分析（油纸绝缘）。

取样时，需注意设备技术文件的特别提示（如有），并检查油位应符合设备技术文件相关要求。制造商明确禁止取油样时，宜作为诊断性试验。

（4）绕组绝缘电阻。

一次绕组采用2500V绝缘电阻表测量。二次绕组采用1000V绝缘电阻表。测量时非被测绕组应接地。同等或相近测量条件下，绝缘电阻应无显著差异。

（5）绕组绝缘介质损耗因数。

测量一次绕组的介质损耗因数，一并测量电容量，作为综合分析的参考。

（6）SF_6 气体湿度检测（SF_6 绝缘）。

1）新投运应测量一次，若接近注意值，半年后应再测一次。

2）新充（补）气48h之后至两周之内应测量一次。

3）气体压力明显下降时，应定期跟踪测量气体湿度。

6.1.3 技术要求

（1）红外热像检测基准周期：330kV及以上，1个月；220kV，3个月；110kV/66kV，半年。

（2）油中溶解气体分析（油纸绝缘）基准周期为3年。试验要求：

1）乙炔含量小于等于2μL/L。

2）氢气含量小于等于150μL/L。

3）总烃含量小于等于100μL/L。

（3）绕组绝缘电阻试验基准周期：3年。

试验要求：一次绕组初值差不超过−50%；二次绕组大于等于10MΩ。

（4）绕组绝缘介质损耗因数测试基准：周期：3年。试验要求：

1）串级式小于等于0.02。

2）非串级式小于等于0.005。

（5）SF_6 气体湿度检测（SF_6 绝缘）基准周期：三年；试验要求：湿度小于等于500μL/L。

6.1.4 其他注意事项

作业危险点分析及安全措施交底内容。

（1）高处作业防止坠落，应正确使用安全带；应使用合格的登高工具并专人扶持，绑扎牢固；工器具应系好保险绳或做好其他防坠落的可靠措施。

（2）检查时应防止误碰其他设备，做好监护工作。

6.2 停电清扫、维护、检查

6.2.1 工作任务

（1）任务简介：电压互感器停电清扫、检查、补漆。

（2）材料需求：作业一般应用物品见表6-2。

表6-2 电压互感器停电清扫、维护、检查工作所需工器具、材料及防护用品

项目	序号	物品名称	需求明细	单位	数量
工器具	1	标准工具箱		套	1
材料	1	油漆（喷漆）	黄、绿、红、灰	罐	按颜色各1
	2	防腐剂	灰	桶	2
	3	底漆（红丹）	红	罐	4
	4	毛刷	8～10cm	把	4
	5	破布	棉质	kg	25
	6	钢丝刷		把	2
防护用品	1	棉手套		副	5
	2	安全带	标准	条	3

6.2.2 工作流程

（1）外观清扫检查。三相标示牌清晰完整，外绝缘表面清洁，无裂纹及放电痕迹，无破损、老化。金属铁件部分无锈蚀现象，相序漆指示明显无脱落现象。

（2）互感器二次接线盒检查。箱体无锈蚀密封、门锁完好，内部清洁。

（3）互感器套管清扫。清扫套管应用破布均匀擦拭，先里后外、先上后下，擦拭彻底，不留死角。

（4）补漆。

1）补漆前应用钢丝刷除掉快脱落的旧漆。

2）补漆时应均匀、不起泡、厚薄度一样，无遗漏处。

（5）高处维护（相色油漆、除锈补漆）。

1）使用高空作业车应有专人指挥。

2）传送油漆用传递绳并绑扎牢固。

（6）工作结束，清理现场。

1）将作业现场清理干净。

2）工作人员撤离现场。

6.2.3 技术要求

（1）使用稀料调配油漆时注意油漆调配不应过稀，当补漆工作中遇起风时应采取措施防止油漆大量飞落。

（2）除锈、防锈工艺要求。

1）除锈。用钢丝刷将设备构架、外壳氧化层去掉，用铁砂布细加工去锈，先里后外、先上后下、先重后轻，去锈应彻底。

2）防锈。先刷一遍底漆，后刷防锈漆，刷二遍，刷油漆按先里后外、先上后下、从远处到登高设备处，每一遍刷油漆间隔时间以油干为准，每一遍刷油漆应均匀、不起泡、厚薄度一样，无遗漏处。

6.2.4 其他注意事项

作业危险点分析及安全措施交底内容如下。

（1）高处作业防止坠落，应正确使用安全带；应使用合格的登高工具并专人扶持，绑扎牢固；工器具应系好保险绳或做好其他防坠落的可靠措施。

（2）检查时应防止误碰其他设备，做好监护工作。

6.3 带电测试

电压互感器带电测试可参考 5.3 进行。

6.4 电压互感器熔丝更换

6.4.1 工作任务

（1）任务简介：中置式手车开关柜电压互感器运行过程中由于特殊情况原因造成其熔丝熔断或接触不良产生电压回路单相或多相断路，需处理恢复电压互感器正常运行的工作。

（2）材料需求：作业一般应用物品见表 6-3。

表 6-3　电压互感器熔丝更换所需工器具、材料及防护用品一览表

项目	序号	物品名称	需求明细	单位	数量
工器具	1	标准工具箱		套	1
材料	1	熔丝	按更换规格型号准备	卷	5
	2	万用表		只	1
防护用品	1	常用人员安全劳动保护用品		套	2

6.4.2 工作流程

（1）检查工器具合格且好用。

（2）判明故障情况。

1）根据电压表计指示判明断相相别并使用万用表测量电压互感器二次保险（空气断路器）无问题，带电测量时应使用万用表电压挡对地测量是否导通，单相断路时通过此种方法测量出故障相（完好相电源侧及负荷侧均有电压指示，故障相电源侧有指示，负荷侧无指示），判明非二次保险（空气断路器）问题造成断相可确定电压互感器熔丝出现动作造成电压互感器负荷回路断相。

2）填用倒闸操作票对电压互感器间隔进行停电并布置安全措施，拉出电压互感器中置式手车开关检查电压互感器熔丝，取下熔丝利用回路电阻法测量其是否导通，因出现断相现象时亦有可能由于接触不良造成而并非保险动作，应扭动保险或通过打磨处理接触面恢复导通。

（3）判明后更换熔丝，拆除安全措施并恢复电压互感器运行，检查各种仪表仪器、后台指示是否恢复，报警是否消除。

（4）待确定无问题后清理现场，工作人员撤离现场。

6.4.3　技术要求

（1）更换的熔丝或管式熔丝的断流值必须与所换元件相同。

（2）在工作中，对熔丝或保险管更换后重复多次熔断应停止工作，根据运行情况汇报上级部门及监控、调度申请电压互感器停电。如停运电压互感器无法将其所带二次负荷转移，则应按调度要求停用相应保护装置。

6.4.4　其他注意事项

（1）更换熔丝力度要适中，防止用力过猛造成熔丝或上下连接点损坏。

（2）布置安全措施进行更换前应明确熔丝装载位置，一般情况下熔丝装在中置式手车上下端口中间部位，这种情况按上述要求进行，对于老旧设备存在熔丝安装于屏柜后侧的应根据实际布置安全措施进行更换，后置安装的也应尽快列出计划进行整改，采取有效措施与设备带电部位有效隔离。

6.5　专　业　巡　检

电压互感器专业巡检项目及标准见表6-4。

表6-4　　电压互感器设备巡视项目及标准

编号	项目及标准	备　注
1	设备外观完整无损	
2	一、二次引线接触良好、接头无过热，各连接引线无发热、变色	

续表

编号	项目及标准	备　注
3	外绝缘表面清洁、无裂纹及放电现象	
4	金属部位无锈蚀，底座、支架牢固，无倾斜	
5	构架、遮栏、器身外涂漆层清洁、无爆皮掉漆	
6	无异常振动、异常声音及异味	
7	瓷套、底座、阀门和法兰等部位应无渗漏油现象	
8	电压互感器端子箱熔断器和二次空气断路器正常	
9	油色、油位正常，油色透明不发黑，且无严重渗、漏油现象	
10	防爆膜有无破损	
11	吸湿器硅胶是否受潮变色	
12	金属膨胀器膨胀位置指示正常，无漏油	
13	各部位接地可靠	
14	电容式电压互感器二次（包括开口三角形电压）无异常波动	
15	安装在线监测设备时，应有维护人员每周对在线监测数据查看一下，以便及时掌握电压互感器的运行状况	
16	二次端子箱应密封良好，二次线圈接地线牢固良好	内部应保持干燥、清洁
17	检查一次保护间隙应清洁良好	
18	干式电压互感器有无流胶现象	
19	中性点接地电阻、消谐器及接地部分是否完好	
20	互感器的标示牌及警告牌是否完好	
21	测量三相指示应正确	
22	SF_6 互感器压力指示表指示是否正常，有无漏气现象，密度继电器是否正常	
23	复合绝缘套管表面是否清洁、完整，无裂纹、无放电痕迹，无老化迹象，憎水性良好	

其他电压互感器专业巡检工作要求运维人员可参考 2.7 介绍进行。

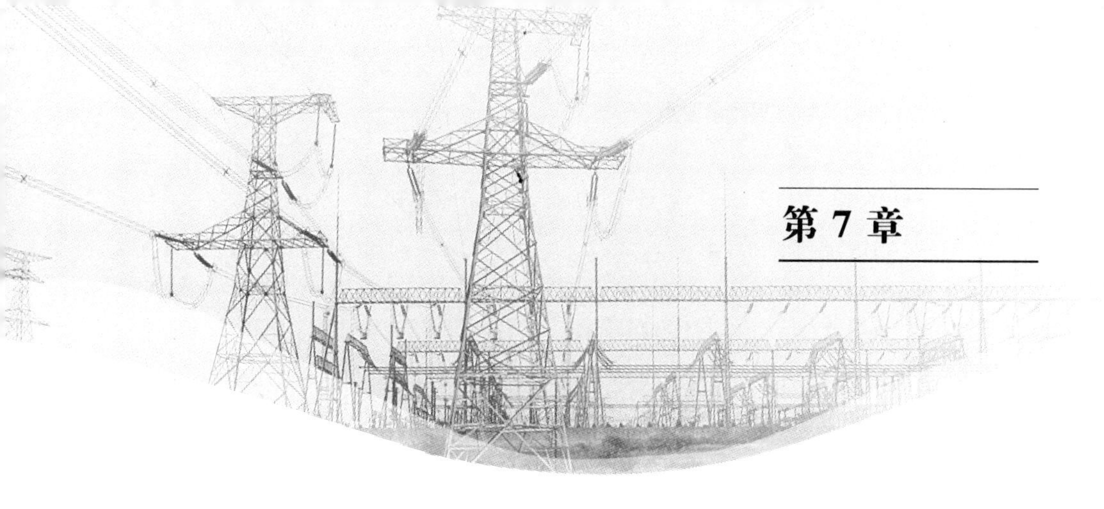

第 7 章

母线典型维护性项目及技术要求

7.1 母线桥清扫、维护、检查、修理

7.1.1 工作任务

（1）任务简介：母线桥处于停电检修状态，对其进行清扫、维护、检查、修理作业。

（2）材料需求：作业一般应用物品见表 7-1。

表 7-1 母线桥清扫、维护、检查、修理所需工器具、材料及防护用品一览表

项目	序号	物品名称	需求明细	单位	数量
工器具	1	标准工具箱		套	1
材料	1	油漆（喷漆）	黄、绿、红、灰	罐	按颜色各一
	2	防腐漆		桶	2
	3	底漆（红丹）		罐	4
	4	毛刷		把	4
	5	破布	棉质	kg	25
防护用品	1	常用人员安全劳动保护用品		套	2
	2	安全带	标准	条	1
	3	绝缘梯		把	1

7.1.2 工作流程

（1）检查工器具合格且好用。

（2）母线桥外观检查。

1）母线桥本体热缩完整无缺损，连接处密封应良好。

2）支柱绝缘子上下法兰应无锈蚀。

（3）母线桥绝缘子清扫。

清扫绝缘子应用破布均匀擦拭，先里后外、先上后下，擦拭彻底，不留死角。

（4）母线桥水泥柱抱箍及防腐检查。

1）水泥柱抱箍应无松动或断裂现象，如发生松动应通过更换或禁锢螺丝以及加装紧固件重新固定，如发生断裂则需要进行更换新的抱箍，防腐应进行除锈与防锈工艺。

2）支柱绝缘子上下法兰视锈蚀情况，较轻时可除锈后用喷漆直接喷涂；较重时仍按标准除锈与防锈工艺进行。

（5）除锈、防锈处理。

（6）工作结束，将作业现场清理干净，工作人员撤离现场。

7.1.3 技术要求

（1）除锈、防锈工艺要求。

1）除锈。用钢丝刷将设备构架、外壳氧化层去掉，用铁砂布细加工去锈，先里后外、先上后下、先重后轻，去锈应彻底。

2）防锈。先刷一遍底漆，后刷防锈漆，刷二遍，刷油漆按先里后外，先上后下、从远处到登高设备处，每一遍刷油漆间隔时间以油干为准，每一遍刷油漆应均匀、不起泡、厚薄度一样，无遗漏处。

（2）高处维护工作一般要求。

1）使用高空作业车应有专人指挥；

2）传送油漆用传递绳并绑扎牢固。

7.1.4 其他注意事项

作业危险点分析及安全措施交底内容范例见表7-2。

表7-2 母线桥清扫、维护、检查、修理工作危险点分析及安全措施交底范例

序号	危险点	安全措施
1	高处作业时坠落	作业人员应正确使用安全带
		应使用合格的登高工具并专人扶持，绑扎牢固
		工器具应系好保险绳或做好其他防坠落的可靠措施
2	使用高空作业车触碰带电设备	高空作业车应与带电设备保持安全的距离，作业车应有可靠接地
		工作人员在作业车上应系好安全带
		应保证下方无工作人员

续表

序号	危　险　点	安　全　措　施
3	误损瓷件	清擦瓷件时不得登爬、踩踏瓷件
		避免携带不必要的金属工器具进行瓷件清擦及补油作业
		对于碰触瓷件位置不理想的方向使用高空作业车，不得为了作业便利将人身趴至在瓷件之上
4	物件遗留	作业后撤离前认真检查有无余留物品在设备上
5	人员精神状态、工器具是否合格等	按照规程规定不符合要求的作业人员应停止本次作业；不符合作业要求的工器具禁止带入现场应用于作业

7.2　带　电　测　试

运维人员对母线桥进行红外测试工作可参考2.3介绍进行；对母线桥带电绝缘子探伤工作可参考4.6介绍进行。

7.3　专　业　巡　检

母线桥专业巡检项目及标准见表7-3。

表7-3　　　　母线桥专业巡检项目及标准

编号	项目及标准	备　注
1	检查导线、金具有无损伤，是否光滑，接头有无过热现象	
2	检查瓷套有无破损及放电痕迹	
3	检查间隔棒和连接板等金具的螺栓有无断损和脱落	
4	在晴天，导线和金具无可见电晕	
5	检测触点、接头的温度	可定期进行
6	夜间闭灯检查无可见电晕	
7	导线上无异物悬挂	
8	大风时，母线的摆动情况是否符合安全距离要求，有无异常飘落物	特殊巡视
9	雷电后瓷绝缘子有无放电闪络痕迹	特殊巡视
10	雨雪天时接头处积雪是否迅速融化和发热冒烟	特殊巡视
11	气候变化时，母线有无弛张过大，或收缩过紧的现象	特殊巡视
12	雾天绝缘子有无污闪	特殊巡视

其他母线桥专业巡检工作要求运维人员可参考2.7介绍进行。

第 8 章

避雷器典型维护性项目及技术要求

8.1 避雷器例行试验

8.1.1 工作任务

（1）任务简介：避雷器例行试验工作包括红外热像检测、运行中持续电流检测、直流 1mA 电压（U_{1mA}）及在 0.75 U_{1mA}下漏电流测量、底座绝缘电阻、放电计数器功能检查。

（2）材料需求：作业一般应用物品见表 8-1。

表 8-1　　避雷器例行试验工器具、材料及防护用品一览表

项目	序号	物品名称	需求明细	单位	数量
工器具	1	标准工具箱		套	1
	2	红外测温仪		台	1
材料	1	破布	棉质	kg	5
	2	其他试验用仪器	根据实际工作要求准备		
防护用品	1	常用人员安全劳动保护用品		套	2

8.1.2 工作流程

（1）检查工器具合格且好用。

（2）红外热像检测。用红外热像仪检测避雷器本体及电气连接部位，红外热像图显示应无异常温升、温差和相对温差。

（3）运行中持续电流检测。具备带电检测条件时，宜在每年雷雨季节进行本项目；通过与同组间其他金属氧化物避雷器的测量结果相比较作出结果。

（4）直流 1mA 电压（U_{1mA}）及在 0.75 U_{1mA}下漏电流测量。

对于单项多节串联结构应逐节进行。U_{1mA}偏低或 0.75 U_{1mA}下漏电流偏大时，应先排除电晕和外绝缘表面漏电流的影响。

（5）底座绝缘电阻测量。用 2500V 的绝缘电阻表测量底座绝缘电阻。

（6）放电计数器功能检查。如果已有 3 年以上未检查，有停电机会时进行本项目。检查完毕应记录当前基数。若装有电流表，应同时校验电流表，校验结果应符合设备技术文件要求。

8.1.3　技术要求

（1）红外热像检测基准周期：500kV 及以上，1 个月；220kV/330kV，3 个月；110kV/66kV，半年。试验要求：无异常。

（2）运行中持续电流检测基准周期：一年。

（3）直流 1mA 电压（U_{1mA}）及在 0.75 U_{1mA}下漏电流测量基准周期：无持续电流检测，3 年；有持续电流检测，6 年。

试验要求：1）U_{1mA}初值差不超过±5%，且不低于 GB 11032 规定值。

2）0.75 U_{1mA}漏电流初值差小于等于 30%或小于等于 50μA。

（4）底座绝缘电阻测量基准周期：无持续电流检测，3 年；有持续电流检测，6 年。试验要求：大于等于 100MΩ。

8.1.4　其他注意事项

作业危险点分析及安全措施交底内容。

（1）高处作业时防坠落应正确使用安全带；应使用合格的登高工具并专人扶持，绑扎牢固；工器具应系好保险绳或做好其他防坠落的可靠措施。

（2）检查时应防止误碰其他设备，做好监护工作。

8.2　避雷器停电清扫、维护、检查

8.2.1　工作任务

（1）任务简介：避雷器处于停电状态，对其进行清扫、维护、检查作业。

（2）材料需求：作业一般应用物品见表 8-2。

表 8-2　避雷器停电清扫、维护、检查所需工器具、材料及防护用品一览表

项目	序号	物品名称	需求明细	单位	数量
工器具	1	标准工具箱		套	1
材料	1	油漆（喷漆）	黄、绿、红、灰	罐	按颜色各一
	2	防腐漆		桶	2

续表

项目	序号	物品名称	需求明细	单位	数量
材料	3	底漆（红丹）		罐	4
	4	毛刷		把	4
	5	破布	棉质	kg	25
防护用品	1	常用人员安全劳动保护用品		套	2
	2	安全带	标准	条	1
	3	绝缘梯		把	1

8.2.2 工作流程

（1）检查工器具合格且好用。

（2）避雷器本体外观、瓷套（外绝缘）清洁及相色检查。

1）避雷器外部完整无缺损，封口处密封应良好；

2）硅橡胶复合绝缘外套伞裙应无破损或变形，避雷器外套表面应干净；

3）避雷器相色标志应清晰，符合实际。

（3）避雷器瓷套清扫。

清扫套管应用破布均匀擦拭，先里后外，先上后下，擦拭彻底，不留死角。

（4）避雷器相色补漆。

1）补漆前应用钢丝刷除掉快脱落的旧漆；

2）补漆时应均匀、不起泡、厚薄度一样，无遗漏处。

（5）避雷器的除锈、防锈。

（6）工作结束，将作业现场清理干净，工作人员撤离现场。

8.2.3 技术要求

（1）除锈、防锈工艺要求。

1）除锈。用钢丝刷将设备构架、外壳氧化层去掉，用铁砂布细加工去锈，先里后外、先上后下、先重后轻，去锈应彻底。

2）防锈。先刷一遍底漆，后刷防锈漆，刷二遍，刷油漆按先里后外、先上后下、从远处到登高设备处，每一遍刷油漆间隔时间以油干为准，每一遍刷油漆应均匀、不起泡、厚薄度一样，无遗漏处。

（2）高处维护工作一般要求。

1）使用高空作业车应有专人指挥；

2）传送油漆用传递绳并绑扎牢固。

8.2.4 其他注意事项

作业危险点分析及安全措施交底内容范例见表 8-3。

表 8-3　避雷器停电清扫、维护、检查工作危险点分析及安全措施交底范例

序号	危险点	安全措施
1	高处作业时坠落	作业人员应正确使用安全带
		应使用合格的登高工具并专人扶持，绑扎牢固
		工器具应系好保险绳或做好其他防坠落的可靠措施
2	使用高空作业车触碰带电设备	高空作业车应与带电设备保持安全的距离，作业车应有可靠接地
		工作人员在作业车上应系好安全带
		应保证下方无工作人员
3	误损瓷件	清擦瓷件时不得登爬、踩踏瓷件
		避免携带不必要的金属工器具进行瓷件清擦及补油作业
		碰触瓷件位置不理想的方向使用高空作业车时，不得为了作业便利将人身趴至在瓷件之上
4	物件遗留	作业后撤离前认真检查有无余留物品在设备上
5	人员精神状态、工器具是否合格等	按照规程规定不符合要求的作业人员应停止本次作业；不符合作业要求的工器具禁止带入现场应用于作业

8.3　避雷器接地导通试验、红外测试

8.3.1　工作任务

（1）任务简介。

1）使用地网导通电阻测试仪测量接地引线导通电阻值，通过历年测试值及相邻点测试值的比较来判定故障点。

2）应用红外测试仪器对运行中的避雷器进行温度测试，检查各部分触点温度是否处于正常状态，有无过热及异常温度变化，通过测试结果判定避雷器是否处于正常运行状态，有无缺陷发生。

（2）材料需求：DDC8910 地网导通电阻测试仪、红外测温工具一部（热成像仪、红外线测温仪均可），常用人员安全劳动保护用品（工作服、绝缘鞋、安全帽）

8.3.2　工作流程

（1）避雷器接地导通试验。

1）对测量设备校零：将测量线放开拉直，短路校零。

2）确定与地网连接结合格的接地引下线作为基准。一般选择多点接地的电气设备作为基准点，如变压器、龙门架等。

3）测量基准点和被测点（相邻设备接地引下线）之间的导通电阻，其测试标准为：小于等于20mΩ，导通电阻初值差小于等于50%（注意值），确保导通情况良好。

（2）避雷器红外测试。

避雷器红外测试工作运维人员可参考2.3介绍进行。

8.3.3 技术要求

（1）接地导通试验。

在被测接地引下线与试验接线的连接处，使用锉刀锉掉防锈的油漆，露出有光泽的金属。

（2）红外测试。

1）根据工作实际有具体测试部位图解的应严格按照图解位置进行相应部位测温工作。

2）使用红外测温仪进行测量时，红外线定点应准确落着于测试部位并稳定后才能进行温度的读数。

3）红外测温仪的发射率等指标数值应严格按照说明书针对被测设备调节正确，通常发射率应在0.1～1.0即能够准确测量各种类型表面的温度。

8.3.4 其他注意事项

（1）在工作区域严禁高、低空甩接线和抛接物；放线、收线中，线不离手，线随人走；接地测量点高度选择不宜超过离地0.5m（尽可能保持同一高度）。

（2）检测人员不少于两个，进站后不得从事不相关的工作。

（3）携带手电筒，最好沿巡视通道行走，注意电缆沟、台阶（特别是有新间隔土建施工），防止摔倒。

（4）现场使用时，要挂好安全带。

（5）与运行设备保持足够的安全距离，不要触碰发热的设备外壳。

（6）尽量避免太阳光或强光直射镜头，以防损坏仪器的探测器。

（7）测试过程中，应注意排除干扰，并做好记录。

（8）仪器使用完毕，要记住关闭电源，取出电池，把仪器放回袋子保存。

8.4 专 业 巡 检

避雷器专业巡检项目及标准见表8-4。

表 8-4　　避雷器巡视项目及标准

编号	项目及标准	备注
1	瓷套表面积污程度及是否出现放电现象	
2	瓷套、法兰是否出现裂纹、破损	
3	避雷器内部是否存在异常声响	
4	与避雷器、计数器连接的导线及接地引下线有无烧伤痕迹或断股现象	
5	放电记录器是否烧坏	
6	避雷器放电计数器指示是否有变化	
7	计数器内部是否有积水	
8	动作次数有无变化，并分析何原因使之动作	
9	避雷器上端引线处密封是否完好及是否因受潮引起故障	
10	避雷器均压环是否有松动、歪斜现象	
11	接地是否良好，有无松脱现象	
12	雷雨后应检查雷电记录器动作情况	特殊巡检
13	避雷器表面有无放电闪络痕迹	特殊巡检
14	避雷器引线及下线是否松动	特殊巡检
15	避雷器本体是否摆动	特殊巡检
16	结合停电检查避雷器上法兰泄孔是否通畅	特殊巡检

避雷器巡检基准周期应符合以下条件：500kV 及以上，两周；220kV/330kV，一个月；110kV/66kV，三个月。

其他避雷器专业巡检工作要求可参考 2.7 介绍。

8.5　在线监测仪更换

8.5.1　工作任务

（1）任务简介。

运维人员需对避雷器在线监测仪进行跟踪巡视，特殊天气还应加强巡视，并及时记录泄漏电流及避雷器动作次数。当发生下列情况时应加强巡视或上报缺陷。

1）正常运行状态下，在线监测仪在晴天所指示的泄漏电流值增加到正常上限值的 1.1 倍雨天或湿度大于 85％时、在线监测仪所指示的泄漏电流值增加到正常上限值的 1.2 倍时应加强巡视。

2）当泄漏电流值进入注意区并下降到 0.9 倍正常下限值（一般会有范围颜色的标志贴在避雷器在线监测仪上，正常指示区标记为绿色，注意指示区标记为黄色）。

3）三相读数偏差较大或监测仪本身有进水，小瓷套脱落等故障应及时上报缺陷流程，当在 GPMS 缺陷查询中看到有关避雷器在线监测缺陷严重时，就要到现场进行更换。

（2）材料需求：作业一般应用物品见表 8-5。

表 8-5　避雷器在线监测仪变换所需工器具、材料及防护用品一览表

项目	序号	物品名称	需求明细	单位	数量
工器具	1	标准工具箱		套	1
材料	1	避雷器在线监测仪	按更换型号准备	只	按所换只数多 1～2
	2	绑扎绳		卷	1
	3	破布	棉质	kg	25
	4	防腐漆		桶	2
	5	毛刷		把	3
防护用品	1	常用人员安全劳动保护用品		套	2
	2	安全带	标准	条	1
	3	绝缘梯		把	1

8.5.2　工作流程

（1）检查工器具合格且好用。

（2）避雷器在线监测仪两端短路接地。避雷器在线监测仪两端短路接地时，接地线固定时，采用砂纸打磨接触面。保证在线监测仪两端良好短路接地。

（3）拆除旧避雷器在线监测仪。

1）拆除前，确保断开监测仪空气断路器电源及相关二次电源。

2）松开监测仪固定螺钉拆除旧避雷器在线监测仪，若螺钉锈蚀严重，则应喷移路多进行处理或用角磨机割开。

（4）安装新避雷器在线监测仪。

1）安装新避雷器在线监测仪，安装时轻拿轻放，小心触碰避雷器计数器绝缘子。

2）更换相应锈蚀严重的螺钉。

3）对机构锈蚀部件进行防腐处理。

（5）安装完成后拆除短路接地线。

（6）工作结束，将作业现场清理干净，工作人员撤离现场。

8.5.3　技术要求

（1）除锈、防锈工艺要求。

1）除锈。用钢丝刷将设备构架、外壳氧化层去掉，用铁砂布细加工去锈，先里后外、先上后下、先重后轻，去锈应彻底。

2）防锈。先刷一遍底漆，后刷防锈漆，刷二遍，刷油漆按先里后外、先上后下、从远处到登高设备处。每一遍刷油漆间隔时间以油干为准，每一遍刷油漆应均匀、不起泡、厚薄度一样，无遗漏处。

（2）高处维护工作一般要求。

1）使用高空作业车应有专人指挥。

2）传送油漆用传递绳并绑扎牢固。

8.5.4　其他注意事项

（1）拆除在线监测仪前应做好安全措施，悬挂接地线，保证避雷器多点接地，直至更换新的在线监测仪后方可拆除接地线。

（2）作业危险点分析及安全措施交底内容范例见表 8-6。

表 8-6　　在线监测仪更换作业危险点分析及安全措施交底内容范例

序号	危险点	安全措施
1	高处作业时坠落	作业人员应正确使用安全带
		应使用合格的登高工具并专人扶持，绑扎牢固
		工器具应系好保险绳或做好其他防坠落的可靠措施
2	使用高空作业车触碰带电设备	高空作业车应与带电设备保持安全的距离，作业车应有可靠接地
		工作人员在作业车上应系好安全带
		应保证下方无工作人员
3	物件遗留	作业后撤离前认真检查有无余留物品在设备上
4	人员精神状态、工器具是否合格等	按照规程规定不符合要求的作业人员应停止本次作业；不符合作业要求的工器具禁止带入现场应用于作业

第 9 章

耦合电容器典型维护性项目及技术要求

9.1 耦合式电容器例行试验

9.1.1 工作任务

（1）任务简介：耦合式电容器例行试验工作包括红外热像检测、油中溶解气体分析（油纸绝缘）、绕组绝缘电阻、绕组绝缘介质损耗因数、SF_6 气体湿度检测（SF_6 绝缘）。

（2）材料需求：作业一般应用物品见表 9-1。

表 9-1　　耦合式电容器例行试验工器具、材料及防护用品

项目	序号	物品名称	需求明细	单位	数量
工器具	1	标准工具箱		套	1
材料	1	破布	棉质	kg	5
	2	其他试验用仪器	根据实际工作要求准备		
防护用品	1	常用人员安全劳动保护用品		套	2

9.1.2 工作流程

（1）检查工器具合格且好用。

（2）红外热像检测。

检测高压引线连接处、电流互感器本体等，红外热像图显示应无异常温升、温差和相对温差。

（3）油中溶解气体分析（油纸绝缘）。

取样时，需注意设备技术文件的特别提示（如有），并检查油位，油位应符合设备技术文件的要求。制造商明确禁止取油样时，宜作为诊断性试验。

（4）绕组绝缘电阻。

一次绕组采用2500V绝缘电阻表测量。二次绕组采用1000V绝缘电阻表。测量时非被测绕组应接地。同等或相近测量条件下，绝缘电阻应无显著差异。

（5）绕组绝缘介质损耗因数。

测量一次绕组的介质损耗因数，一并测量电容量，作为综合分析的参考。

（6）SF_6 气体湿度检测（SF_6 绝缘）。

1）新投运应测量一次，若接近注意值，半年后应再测一次。

2）新充（补）气48h之后至两周之内应测量一次。

3）气体压力明显下降时，应定期跟踪测量气体湿度。

9.1.3　技术要求

（1）红外热像检测的基准周期：330kV及以上，1个月；220kV，3个月；110kV/66kV，半年。

（2）油中溶解气体分析（油纸绝缘）的基准周期：3年。试验要求：乙炔含量小于等于2μL/L；氢气含量小于等于150μL/L。总烃含量小于等于100μL/L。

（3）绕组绝缘电阻的测试基准周期：3年。试验要求：一次绕组初值差不超过－50%；二次绕组大于等于10MΩ。

（4）绕组绝缘介质损耗因数测试基准周期：3年。试验要求：串级式绕组绝缘介质损耗因数小于等于0.02，非串级式的小于等于0.005。

（5）SF_6 气体湿度检测（SF_6 绝缘）。基准周期：3年。试验要求：SF_6 含量小于等于500μL/L。

9.1.4　其他注意事项

作业危险点分析及安全措施交底内容。

（1）高处作业时防坠落应正确使用安全带；应使用合格的登高工具并专人扶持，绑扎牢固；工器具应系好保险绳或做好其他防坠落的可靠措施。

（2）检查时应防止误碰其他设备，做好监护工作。

9.2　耦合电容器停电清扫、维护、检查

9.2.1　工作任务

（1）任务简介：对耦合式电容器在停电状态下进行例行清扫、维护和检查工作。

（2）材料需求：作业一般应用物品见表9-2。

表 9-2　　耦合电容器停电清扫作业所需工器具、材料及防护用品

项目	序号	物品名称	需求明细	单位	数量
工器具	1	标准工具箱		套	1
材料	1	油漆	黄、绿、红、灰	罐	按颜色各一
	2	防腐漆	灰	桶	2
	3	底漆（红丹）	红	罐	4
	4	毛刷	8～10cm	把	4
	5	破布	棉质	kg	25
	6	钢丝刷		把	2
防护用品	1	棉手套		副	5
	2	安全带	标准	条	3
	3	绝缘梯	2m、4m	付	1

9.2.2　工作流程

（1）耦合电容器本体外观、瓷套（外绝缘）清洁及相色检查。

1）耦合电容器外部完整无缺损，绝缘外套伞裙应无破损或变形。

2）耦合电容器上下法兰防腐。

（2）耦合电容器瓷套清扫：清扫套管应用破布均匀擦拭，先里后外、先上后下，擦拭彻底，不留死角。

（3）工作结束，清理现场。

1）将作业现场清理干净。

2）工作人员撤离现场。

9.2.3　技术要求

（1）除锈、防锈工艺要求。

1）除锈。用钢丝刷将设备构架、外壳氧化层去掉，用铁砂布细加工去锈，先里后外、先上后下、先重后轻，去锈应彻底。

2）防锈。先刷一遍底漆，后刷防锈漆，刷二遍，刷油漆按先里后外、先上后下、从远处到登高设备处。每一遍刷油漆间隔时间以油干为准，每一遍刷油漆应均匀、不起泡、厚薄度一样，无遗漏处。

（2）高处维护（相色油漆、除锈补漆）。

1）使用高空作业车应有专人指挥。

2）传送油漆用传递绳并绑扎牢固。

9.2.4　其他注意事项

（1）高处作业时防止坠落，应正确使用安全带；应使用合格的登高工具并

专人扶持，绑扎牢固；工器具应系好保险绳或做好其他防坠落的可靠措施。

（2）使用高空作业车防触碰带电设备，高空作业车应与带电设备保持安全的距离；工作人员在作业车上应系好安全带；并保证下方无工作人员。

（3）高处维护（相色油漆、除锈补漆），使用高空作业车应有专人指挥；传送油漆用传递绳并绑扎牢固。

9.3 带电测试

运维人员对耦合电容器进行带电测试工作可参考5.3进行。

9.4 专业巡检

耦合电容器巡检项目及标准见表9-3。

表9-3　耦合电容器巡检项目及标准

序号	项目及标准
1	瓷套应清洁完整，无破损放电现象
2	无渗漏油现象
3	内部无异常声响
4	各电气连接部无过热现象，无断线及断股情况
5	检查外壳接地是否良好、完整

其他耦合电容器专业巡检工作可参考2.7介绍。

第 10 章

继电保护及自动装置典型维护性项目及技术要求

继电保护专业巡视项目及标准见表 10-1。

表 10-1 继电保护专业巡视项目及标准

序号	项目及标准
1	表面清洁无杂物，接线牢固不松动，端子排整齐清洁
2	保护连接片投停正确，接触牢固不变形
3	保护装置面板液晶显示内容正常，各指示灯指示正确、开关（固化-禁止开关等）位置正确。无异常及动作信号出现。微机保护电源正常
4	微机保护定值区符合投运要求，打印机状态良好，时钟正常

其他继电保护专业巡视工作要求运维人员可参考 2.7 介绍进行。

现场继电保护及自动装置、监控装置因生产厂家及安装地域不同，各种及各品牌装置维护方法均存在较大差异，种类繁多且因多样性原因，运维人员进行继电保护及自动装置、监控装置维护性项目工作时需根据实际情况进行，但应严格按照以下规程及规定总体要求进行工作（相应规程要求内容以规程最新版为准）：

（1）GB/T 14285-2006《继电保护和安全自动装置技术规程》；

（2）DL/T 559—1994《220kV～500kV 电网继电保护装置运行整定规程》；

（3）DL/T 584—1995《3kV～110kV 电网继电保护装置运行整定规程》；

（4）DL/T 995—2006《继电保护和电网安全自动装置检验规程》；

（5）地域省级继电保护装置运行管理规程；

（6）地市级公司继电保护装置运行管理规程。

继电保护及自动装置、监控装置红外测温、清扫、专业巡检工作可参照 2.2、2.3、2.7 介绍。

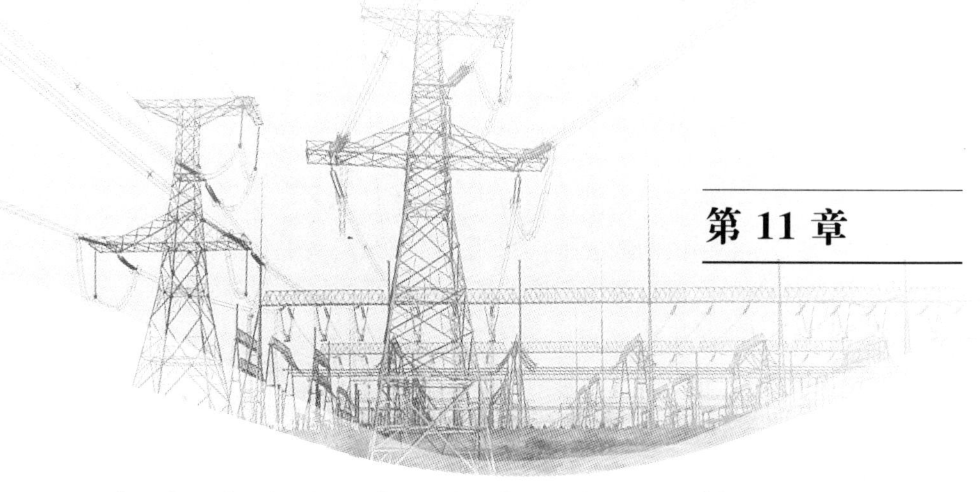

第 11 章

直流系统典型维护性项目及技术要求

11.1 直流带电测试

11.1.1 工作任务

（1）任务简介：变电站直流系统运行过程中为监测其是否处于正常运行工况而通过带电测试采集分析判断直流系统是否正常运行的工作。

（2）材料需求：蓄电池充电测试装置、万用表、常用人员安全劳动保护用品（工作服、绝缘鞋、安全帽）。

11.1.2 工作流程

（1）检查工器具合格且好用。

（2）进行蓄电池测试。

将电压表调整至直流电压挡对蓄电池进行测试，记录其环境温度、湿度、单节电压、整组电压值。

（3）根据测试情况分析判断直流系统是否处于正常运行工况，对于异常情况提报缺陷或进行维护处理。

（4）清理现场，工作人员撤离现场。

11.1.3 技术要求

（1）测试时使用万用表应先选用大量程测试，待确认万用表无问题后再选用小量程测试准确读数。

（2）蓄电池脱离系统进行带电测试时应用蓄电池充电测试装置，工作时应严格按照装置使用说明书进行测试，其测试时间及测试数据应妥善留存。

11.1.4 其他注意事项

（1）测试使用万用表时，应注意万用表测量挡位的调整，严禁测量过程中调整测量挡位或挡位调整错误进行测量造成短路。

（2）测试工作必须由两人进行，测试人必须佩戴线手套。

（3）测试时如果直流系统出现异常情况应停止测试进行异常处理，待处理无问题后再行恢复测量工作。

11.2 直 流 带 电 监 测

11.2.1 工作任务

（1）任务简介：变电站直流系统运行过程中为监测各方面带电数据，进行采集分析判断直流系统是否正常运行的工作。

（2）材料需求：万用表、常用人员安全劳动保护用品（工作服、绝缘鞋、安全帽）。

11.2.2 工作流程

（1）检查工器具合格且好用。

（2）根据直流系统运行中重点监视内容进行数据统计。

1）蓄电池组的端电压值。

2）浮充电流值大小及变化。

3）每只电池的电压值。

4）蓄电池组及直流母线的对地电阻值和绝缘状态。

5）电池室环境温度。

（3）根据监视统计数据进行直流运行工况判断。

1）对采用阀控蓄电池组的变电站正常以浮充电方式运行。浮充电压宜控制在（2.23～2.28V）×节数，浮充电流一般控制在（1～3）mA/Ah。均衡充电电压宜控制为（2.3～2.35V）×节数。

2）运行中的蓄电池连接片无松动及腐蚀现象；壳体无渗漏和变形；极柱与安全阀周围无酸雾；无温度过高现象。

3）阀控电池一般会受到环境温度影响，基准温度为25℃，每下降1℃，单体电池浮充电压值应提高0.003V。

4）阀控电池在运行中每只单体电池电压偏差值一般情况下2V电池偏差值为±0.05V；6V电池为±0.15V；12V电池为±0.3V。

（4）根据判断情况进行适当调整。

1）单只电池浮充电压普遍低时可以按每节单体电池提高浮充电压0.02V

进行调整，在浮充 1 个月后，如果仍低应转为均衡充电。

2）若运行工况异常，如出现落伍电池或电池指示不正常应使用万用表进行实际测量校核提取数据值的准确性，判断正确后提报缺陷进一步处理。

11.2.3 技术要求

采集数据根据直流屏柜系统数据采集和接地巡检仪器显示进行提取；有安装跟踪补偿装置的变电站还需要根据跟踪补偿装置检测显示数据进行采集提取。

11.2.4 其他注意事项

（1）判明情况进行调整时应明确调整方式，不得随意调整；调整应结合现场与规程具体规定和操作手册进行。

（2）如监测过程中需要使用万用表，应注意万用表测量挡位的调整，严禁测量过程中调整测量挡位或挡位调整错误进行测量。

11.3 蓄电池动静态放电测试

11.3.1 工作任务

对蓄电池进行动、静放电测试并定期进行切换试验工作，以通过测试及试验结果反应电池运行工况的好坏、直流切换回路有无故障并是否处于正常工作状态。

11.3.2 工作流程

（1）检查被测蓄电池外观。

1）查看被测蓄电池外观是否正常。

2）记录并分类被测蓄电池以便按顺序测试。

（2）完成仪器接线，并检查无误。

1）使用的仪器为核对性放电仪控制箱、核对性放电仪负载箱，将电源线及一次测量线正确连接。

2）由专人检查接线是否正确。

3）开启装置并设置好相关参数。

（3）开始测量并记录数据。

1）分别对被测蓄电池进行阀控式铅酸蓄电池核对性放电试验。

2）记录有关数据如放电电流、试验环境温度、蓄电池放电容量等。

（4）分析数据与有关标准核对判断是否合格。

1）蓄电池电压的测量精度要求准确到小数点后三位。

2）阀控蓄电池组的恒流限压充电电流和恒流放电电流均为I10（恒流下充、放电10个小时）。

3）新安装蓄电池组的全核对性容量要求达到100%；投入运行后蓄电池组的全核对性容量要求达到80%。

11.3.3 技术要求

动静态放电测试则能通过对放电曲线的分析得出电池运行状况。

（1）蓄电池组每节电池电压以检测蓄电池的充放电状态。

（2）静态小电流恒流放电测得电池容量（电池容量=放电电流×放电时间）。

（3）动态大电流恒流测得电池内阻。

对以上诸参数进行综合计算判断出电池好坏的准确评估。

11.3.4 其他注意事项

工作中可能造成直流回路短路或失地。工作中要加强监护，严禁造成直流电压回路短路或失地；使用的工具应进行绝缘包扎。

11.4 外观清扫检查

11.4.1 工作任务

（1）任务简介：对直流系统范围内设备进行检查及清扫作业。

（2）材料需求：作业一般应用物品见表11-1。

表11-1 直流系统外观清扫检查工作所需工器具、材料及防护用品一览表

项目	序号	物品名称	需求明细	单位	数量
工器具	1	标准工具箱		套	1
材料	1	酒精		罐	1
	2	破布	棉质	kg	5
	3	扫帚		把	1
防护用品	1	常用人员安全劳动保护用品		套	2

11.4.2 工作流程

（1）外观检查：标示牌清晰完整，外绝缘表面清洁，无破损金属铁件部分无锈蚀现象。

（2）直流柜面板清扫：清扫直流柜应用破布均匀擦拭，先里后外、先上后下，擦拭彻底，不留死角。

（3）直流柜后部接线板清扫：清扫直流柜背部接线板灰尘以及地面杂物。

（4）工作结束，清理现场。

1）将作业现场清理干净。

2）工作人员撤离现场。

11.4.3　技术要求及注意事项

（1）在直流柜面板清扫时防止误碰空气断路器。

（2）清扫直流柜后部时防止接线以及互感器短路。

11.5　专　业　巡　检

直流系统设备巡视项目及标准见表 11-2。

表 11-2　　直流系统设备巡视项目及标准

编号	项目及标准
1	检查告警音响和事故音响是否良好
2	检查系统各元件有无异常，接线是否紧固，有无过热、异味、冒烟现象
3	检查设备信息指示灯（电源指示灯、运行指示灯等）运行是否正常
4	检查系统设备各电源小开关、功能开关、手柄的位置是否正确
5	检查屏内照明是否完好
6	检查直流系统运行情况
7	检查前置机主单元是否正常运行，数据是否正常更新
8	浮充电流满足要求，硅元件不过热
9	蓄电池室内清洁，温度在 10～35℃，通风良好，防爆照明灯完好
10	蓄电池室内暖气片无锈蚀、不漏水，室内门窗封闭良好、避光
11	蓄电池外观完好，无腐蚀

其他直流系统专业巡检工作要求运维人员可参考 2.7 介绍进行。

第12章

站用电系统典型维护性项目及技术要求

12.1 带　电　监　测

12.1.1　工作任务

（1）任务简介：变电站站用电系统运行过程中监测各方面带电数据，进行采集分析判断站用电系统是否正常运行的工作。

（2）材料需求：万用表、常用人员安全劳动保护用品（工作服、绝缘鞋、安全帽）。

12.1.2　工作流程

（1）检查工器具合格且好用。

（2）根据站用电系统运行中重点监视内容进行以下数据统计。

1）站用电系统电压；

2）站用电系统负荷电流值；

3）站用电系统有功功率及无功功率（无专用功率表时可通过计算获取）；

4）站用电系统接线各节点温度（包括站用变压器温度）。

（3）根据监视统计数据进行站用电运行工况判断。

1）站用电系统电压是否稳定，符合直流系统、站内各种负荷、电器、水泵的需求额定电压值范围内。

2）站用电负荷是否过大，是否存在不必要的负荷使用及损失。

3）是否存在接点温度过高及异常音响影响站用电系统正常运行。

（4）根据判断情况进行适当调整。

1）调整站用电负荷应用，保证站内重要负荷的电力供给。

2）发现过热及异常现象做好记录并提报缺陷，通过正常工作流程及时进行处理。

3）节约站用电，停用不必要的负荷使用。

12.1.3　技术要求

采集数据根据交流屏柜系统数据采集和巡检仪器、表计显示进行提取，380V 侧负荷异常情况下还应当使用万用表进行电压值测量。

12.1.4　其他注意事项

（1）判明情况进行调整时应明确调整方式，不得随意调整，调整应结合现场与规程具体规定和操作手册进行。

（2）如监测过程中需要使用万用表，应注意万用表测量挡位的调整，严禁测量过程中调整测量挡位，或挡位调整错误进行测量。

12.2　带　电　维　护

站用电系统带电维护工作进行指示灯、空气断路器更换工作要求运维人员可参考 2.9 介绍进行。

12.3　专　业　巡　检

站用电系统设备巡检项目及标准见表 12-1。

表 12-1　　站用电系统设备巡检项目及标准

编号	项目及标准
1	高、低压室无杂物、室内房屋无渗水、门窗应完好
2	低压屏和低压配电箱各隔离开关触头、导线接头接触良好，无火花放电，无发红及过热现象
3	各隔离开关、熔断器保险完好，各回路及空气断路器完好，投停位置正确
4	低压电缆头不冒油、不发热，接地线良好
5	电缆沟无杂物，无积水
6	低压屏各种表计指示正确
7	站用变压器巡视类同变压器巡检项目

其他站用电系统专业巡检工作要求运维人员可参考 2.7 介绍进行。

第 13 章

电容器组典型维护性项目及技术要求

13.1　清扫、维护、检查、修理

对电容器组的清扫、维护、检查、修理工作可以参考 2.3 中介绍进行，应注意在工作前必须要对电容器组进行充分放电。

13.2　专　业　巡　视

电容器组巡视项目及标准见表 13-1。

表 13-1　　电容器组设备巡视项目及标准

序号	项目及标准	备注
1	检查瓷绝缘有无裂纹、放电痕迹，表面是否清洁	
2	母线及引线是否过松过紧，设备连接处是否松动、过热	
3	设备外壳涂漆是否变色、变形，外壳无鼓肚、膨胀变形，接缝无开裂、渗漏油现象，内部无异音，外壳温度不超过 50℃	
4	电容器编号正确，各接头无发热现象	
5	熔断器指示、接地装置、放电回路是否完好，接地引线有无严重锈蚀。设备带有指示灯时指示灯是否完好，观察记录电压表、电流表、温度表的指示数并记录	
6	电容器室干净整洁，照明通风良好，室温不超过 40℃或低于－25℃。门窗关闭严格	
7	电缆挂牌是否齐全完整，内容正确，字迹清楚。检查电缆外皮有无损伤，支撑是否牢固，电缆和电缆头有无渗漏胶，发热放电，有无火化放电等现象	

其他电容器组专业巡检工作要求运维人员可参考 2.7 介绍进行。

13.3　带　电　测　试

运维人员对电容器组进行红外测试工作可参考 2.3 介绍进行。

运维人员对电容器组带电绝缘子探伤工作可参考 4.6 介绍进行。

第 14 章

变电专业电气工作票、操作票应用规范

工作票是准许在电气设备上工作的书面命令，也是执行保证安全技术措施的书面依据；操作票是电力系统中进行电气操作的书面依据。本章介绍这两种票的基本要求、规范并以实例重点说明应用中的注意事项。

14.1　电气工作票的规范及应用

在运维一体化 C、D 类的工作中，保障人身及设备安全是重中之重。在新的：Q/GDW 1799.1—2013《电力安全工作规程变电部分》中规定，运维人员实施不需高压设备停电或做安全措施的运维一体化业务项目时，可不使用工作票。使用变电专业电气工作票、操作票的人员以停电作业及外包作业单位为主，为了在生产中避免事故因人为的因素而发生，加强人员多重安全的审核把关，规范各类工作人员的作业行为，保证人身、电网和设备安全，依据国家电网公司颁布的 Q/GDW 1799.1—2013 和国家电网公司生产管理系统（PMS）工作票填写要求，设计了工作票、操作票的标准格式，为了让使用人和审核人直观、清晰地掌握工作的具体内容、需要操作的设备、安全措施的布置等情况，设计公司系统通用的电气工作票、操作票格式。

票面设计合理，可方便工作票签发人、工作票负责人、工作票许可人的掌握、执行，有利于及时发现工作中的危险点。首先要明确电气工作票的种类、哪些工作需要哪种工作票、如何使用工作票。选取黑龙江省电力有限公司电气工作票使用规范中的部分内容进行要点解析。

（1）在电气设备上的工作，应填用工作票或事故紧急抢修单的种类：

1）填用变电站（发电厂）第一种工作票。

2）填用电力电缆第一种工作票。

3）填用变电站（发电厂）第二种工作票。

4）填用电力电缆第二种工作票。

5）填用变电站（发电厂）带电作业工作票。

6）填用变电站（发电厂）事故紧急抢修单。

（2）填用第一种工作票的工作：

1）高压设备上工作需要全部停电或部分停电者。

2）二次系统和照明等回路上的工作，需要将高压设备停电者或做安全措施者。

3）高压电力电缆需停电的工作。

4）换流变压器、直流场设备及阀厅设备需要将高压直流系统或直流滤波器停用者。

5）直流保护装置、通道和控制系统的工作，需要将高压直流系统停用者。

6）换流阀冷却系统、阀厅空调系统、火灾报警系统及图像监视系统等工作，需要将高压直流系统停用者。

7）其他工作需要将高压设备停电或要做安全措施者。

（3）填用第二种工作票的工作：

1）控制盘和低压配电盘、配电箱、电源干线上的工作。

2）二次系统和照明等回路上的工作，无需将高压设备停电者或做安全措施者。

3）转动中的发电机、同期调相机的励磁回路或高压电动机转子电阻回路上的工作。

4）非运维人员用绝缘棒、核相器和电压互感器定相或用钳型电流表测量高压回路的电流。

5）大于 Q/GDW 1799.1—2013 中表 1 规定距离的相关场所，带电设备外壳上的工作以及无可能触及带电设备导电部分的工作。

6）高压电力电缆不需停电的工作。

7）换流变压器、直流场设备及阀厅设备上工作，无需将直流单、双极或直流滤波器停用者。

8）直流保护控制系统的工作，无需将高压直流系统停用者。

9）换流阀水冷系统、阀厅空调系统、火灾报警系统及图像监视系统等的工作，无需将高压直流系统停用者。

(4) 填用带电作业工作票的工作：带电作业或与邻近带电设备距离小于Q/GDW 1799.1—2013中表1、大于表4规定的工作。

(5) 工作票在使用时的规定：

1) 一个工作负责人不能同时执行多张工作票，工作票上所列的工作地点，以一个电气连接部分为限。一个电气连接部分是指电气装置中，可以用隔离开关（刀闸）同其他电气装置分开的部分。

直流双极停用，换流变压器及所有高压直流设备均可视为一个电气连接部分。

直流单极运行，停用极的换流变压器，阀厅，直流场设备、水冷系统可视为一个电气连接部分。双极公共区域为运行设备。

2) 一张工作票上所列的检修设备应同时停、送电，开工前工作票内的全部安全措施应一次完成。若至预定时间，一部分工作尚未完成，需继续工作而不妨碍送电者，在送电前，应按照送电后现场设备带电情况，办理新的工作票，布置好安全措施后，方可继续工作。

3) 若以下设备同时停、送电，可使用同一张工作票：①属于同一电压等级、位于同一平面场所，工作中不会触及带电导体的几个电气连接部分；②一台变压器停电检修，其断路器（开关）也配合检修；③全站停电。

4) 同一变电站内在几个电气连接部分上依次进行不停电的同一类型的工作，可以使用一张第二种工作票。

5) 在同一变电站内，依次进行的同一类型的带电作业可以使用一张带电作业工作票。

6) 持线路或电缆工作票进入变电站或发电厂升压站进行架空线路、电缆等工作，应增填工作票份数，由变电站或发电厂工作许可人许可，并留存。

(6) 电气工作票内对各类人员的规定：

1) 系统内的工作票签发人、工作负责人、工作许可人，以及动火工作票签发人、工作负责人、动火执行人每年须经考试合格，并经公司（厂）批准后以正式文件公布。动火执行人应具备安全监察质量部颁发的合格证。

2) 具备从事电力生产资质的外单位人员，进入发电厂、变电站或在电力线路从事电气施工作业时，其工作票所涉及的人员应经本单位考试合格后报公司（厂）安全监察质量部备案。

3) 对不具备从事电力生产资质的外单位人员进入发电厂、变电站从事非电气工作时（如绿化、刷油、修路、装修等），工作票由设备运维单位签发，必要时运维单位设专责监护人。

4）带电作业人员应具备带电作业实践经验并经专业培训合格，并经公司（厂）主管生产领导或总工程师批准。

5）特殊工种（电焊、气焊、起重等）作业人员在取得相关资质的情况下，每年须经培训考试合格后，并经公司（厂）批准后以正式文件公布。

（7）工作票的填写方式分为两种：

1）通过生产管理系统填写工作票。

2）手工填写工作票（原则上不使用手工填写的工作票。如因网络中断或网络未开通的，可以手工填写工作票，其一项内容填写不下时，只需增加相应续页并在相应项内继续填写）。

（8）工作票填写的要求：工作票由工作负责人填写，也可由工作票签发人填写。一张工作票中，工作许可人与工作负责人不得互相兼任。若工作票签发人兼任工作许可人或工作负责人，应具备相应的资质，并履行相应的安全责任。

（9）工作票的编号为单一在一年内不得有相同票号的不同工作票。工作票号的分配：工作票的编号为 7 位阿拉伯数字，格式为二级单位编码（2 位阿拉伯数字）＋班组编码（2 位阿拉伯数字）＋票号（3 位阿拉伯数字）。其中前 2 位为地市公司统一编制的各单位编码；第 3、4 位为班组编码，由各单位按照班组设置情况，从 01 开始向后顺延自行编制；后 3 位为工作票顺序号，每年从 001 开始编号，每个班组在年内每种工作票要顺序编号，年度内不能重复。

工作票各页均应有与首页相同的“编号栏”和工作票编号，手工填写的工作票各页内使用号码机打相同的工作票编号，禁止手工填写。

（10）执行总、分工作票及工作任务单时，编号的填写：

1）在执行总、分工作票模式下，总工作票编号采用“总（a）号含分（b）”，分工作票编号采用“总（a）号—c”，其中 a 为总工作票票号，b 为有几份分工作票（用阿拉伯数字），c 为分工作票顺序号（用阿拉伯数字）。

2）在执行工作任务单模式下，工作票编号采用“（a）号含任务单（b）”，工作任务单编号采用“（a）号—c”，其中 a 为工作票票号，b 为有几份工作任务单（用阿拉伯数字），c 为工作任务单顺序号（用阿拉伯数字）。

3）工作班成员中的每一个人都是保证安全的主体，为保证工作中不出现无关的人员进行作业，工作票中对工作班的人数进行了规定。工作票中“工作班成员（不包括工作负责人）”栏的“共×人”中的人数统计不包括工作负责人，仅统计工作班成员人数。

（11）采用总、分工作票的情况：变电站（发电厂）第一种工作票和电力电缆第一种工作票，在所列工作地点超过两个，或有两个及以上不同的工作单位（班组）在一起工作时，可采用总工作票和分工作票。

（12）执行总、分工作票时的要点：

1）执行总、分工作票（格式与变电一种工作票一致）时，总、分工作票由同一个签发人签发。分工作票应一式两份，由总工作负责人和分工作负责人分别收执。

2）总工作票上所列安全措施应包括所有分工作票上所列安全措施，总工作票的工作班成员栏内只填明分工作票负责人姓名，不必填写全部工作人员姓名。

3）分工作票上要填写全部工作班人员姓名。分工作票的许可和终结由分工作负责人与总工作负责人办理，分工作票必须在总工作票许可后才可许可，总工作票必须在所有分工作票终结后方可终结。

（13）在运维一体化的大检修体系下，所负责的所多面广，维护班组也多，为便于区分，便于管理，在名称上进行了明确的要求：

1）所有单位、班组名称应填写全称，变电站名称前应有电压等级。

2）对工作票内涉及的线路和设备应填写双重名称和电压等级。

（14）工作人员应统一工作票规范，便于检查、发现问题，为此对工作票的填写做出了细化要求：

1）数字部分使用阿拉伯数字（1、2、3、4、5、6、7、8、9、0）填写。时间采用24小时格式，年度为4位数字格式，月、日、时、分均为2位数字。

2）电压等级用“kV”（“k”小写，“V”大写）填写。

3）对设备有序号的应采用“×号”格式。如1号主变压器、2号接地线、3号消弧线圈等。

工作票中的每项内容顶格填写，应保证填写清楚、层次清晰。

4）工作票应使用黑色或蓝色的钢（水）笔或圆珠笔填写，复写纸应用蓝（黑）色，内容应正确，填写应清楚，不得随意涂改。手工填写部分如有个别错、漏字（一份工作票不允许超过3处，每处不超过3个字）需要修改，错字上以“=”横线划掉，填加字以“V”符号填写，并由修改人在修改处盖名章，必须保持字迹清晰。工作票内的时间、签名、设备双重名称、编号不准修改。

5）通过生产管理系统（PMS）开的工作票中微机打印部分严禁手工修改。在原工作票的停电及安全措施范围内增加工作任务时，应由工作负责人征得工作票签发人和工作许可人同意，并在工作票上增添工作项目，此时允许手工填写。

（15）为防止工作票开票人因不熟悉工作现场细节的实际情况，在工作票中相应的增加了补充事项栏，填写相应注意事项："补充工作地点保留带电部分和安全措施（由工作许可人填写）"栏应手写，注明现场的邻近带电部位，措施中没有注明的安全措施，并要求不允许空白，没有写"无"。

（16）为保证现场人身和设备的安全，对工作票中现场的具体情况，有如下交代：工作票应按现场实际运行方式及工作任务进行填写。变电单位在大型复杂停电作业时，可附带与检修作业有关的一次系统运行方式图。送、配电及电力电缆使用第一种工作票时必须附图说明（包括停电范围，交叉跨越线路、并行线路、接地线、安全措施布置等）。附图应简易明了，用不同颜色区分带电、停电、接地设备，如图 14-1 所示。

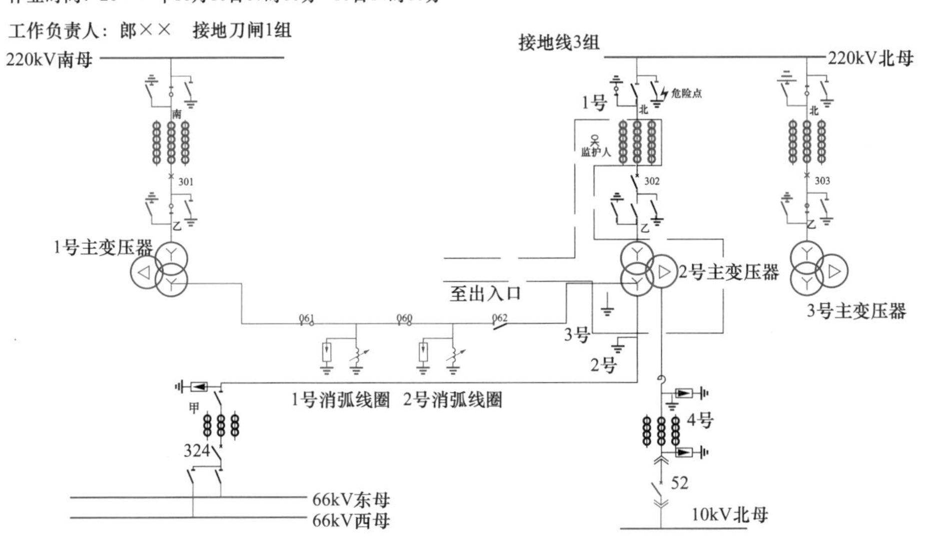

图 14-1　第一种工作票示意图范例

红色为带电设备；绿色为停电检修设备；蓝色为停电不检修设备

（17）在使用工作票的过程中，为便于核对现场地线及安全措施的布置情况，有如下要求：变电站（发电厂）第一种工作票中接地线具体编号以括号的方式预留出来，由工作许可人填写。在工作票开工时确认一行内容已经执行无误后，在"已执行"栏打"√"确认，如表 14-1 所示。

表 14-1 工作票确认执行范例

应装接地线、应合接地开关（注明确实地点、名称及接地线编号*）	已执行*
在220kV×××线2522开关与电流互感器间装设（3）号接地线	√

(18) 为保证工作的安全，对进入现场工作的单位实行“双签发”：

1) 在承发包工程中，工作票实行“双签发”形式。签发工作票时，双方工作票签发人在工作票上分别签名，各自承担相应的安全责任。

2) 供电单位或施工单位到用户变电站内施工时，工作票应由有权签发工作票的供电单位、施工单位或用户单位签发。

(19) 为保证工作的安全，也为审核措施、布置措施预留出足够的时间，在工作票的使用和执行中的规定：

1) 一个工作负责人在同一时间内只能执行一份工作票。

2) 第一种工作票应在工作前一日送达到运行人员和工作负责人手中，临时性工作可以当日办理。

3) 第二种工作票和带电作业工作票可在当天送达。

4) 收到工作票的人员，均需进行认真核对检查。

5) 一张工作票中，工作许可人与工作负责人不得互相兼任。若工作票签发人兼任工作许可人或工作负责人，应具备相应的资质，并履行相应的安全责任。如对工作票存有疑问，应立即向有关人员询问清楚，必要时由工作票签发人重新签发。

(20) 对于工作票的许可的具体规定：

1) 线路部分许可开始工作的命令，可采用当面通知、电话下达、派人送达三种方式。

电话下达时，工作许可人及工作负责人应记录清楚明确，并复诵核对无误。

对直接在现场许可的停电工作，工作许可人和工作负责人应在工作票上记录许可时间并签名。

2) 线路部分填用第一种工作票进行工作时，工作负责人应在得到全部工作许可人的许可后，方可开始工作。若停电线路作业还涉及其他单位配合停电的线路，工作负责人应在得到指定的配合停电设备运行管理单位联系人通知这些线路已停电和接地，并履行工作许可书面手续后，才能开始工作。

3) 填用电力线路第二种工作票时，不需要履行工作许可手续。

4) 变电部分许可开始工作的命令采用当面许可方式，第二种工作票可采取电话许可方式，但应录音，并各自做好记录。采取电话许可的工作票，工作所需安全措施可由工作人员自行布置，工作结束后应汇报工作许可人。

（21）工作票履行许可开工手续后，工作负责人组织全体班组人员进行安全交底，签字确认后方可开始工作。工作票中“工作班组人员签名”栏由本人亲自签名，不允许盖名章或代签。多页工作票只在首页签名。

（22）执行完的工作票标记要求。执行完的工作票盖“已执行”章；对填写错误或因故不能作业而未履行工作许可手续的工作票，盖“作废”章，在备注栏中注明原因；已经履行工作许可手续的工作票，因故不能继续进行作业时，必须履行工作终结手续，此工作票视为已执行工作票，在备注内注明原因，盖“已执行”章。

（23）工作票每日收工、次日复工的规定。每日收工，应清扫工作地点，开放已封闭的通道，并电话告知工作许可人。若工作间断后所有安全措施和接线方式保持不变，工作票可由工作负责人执存。次日复工时，工作负责人应电话告知工作许可人，并重新认真检查确认安全措施是否符合工作票要求。间断后继续工作，若无工作负责人或专责监护人带领，作业人员不得进入工作地点。每日收工、复工情况应记录在工作票“每日开收工”栏和运行记录簿中。

执行一日的变电站（发电厂）第一种工作票不履行上述手续。

（24）为减少停电的时间，保证在有效的时间内安全地完成检修作业，对工作票的有效期和延期做的规定：

1）工作票的有效时间以批准的检修期为限。第一、二种工作票的延期只能办理一次。带电作业工作票不准延期。

2）变电工作票需办理延期手续时，应在工期尚未结束以前由工作负责人向运维值班负责人提出申请（属于调度管辖、许可的设备，还应通过值班调度员批准），由运维值班负责人通知工作许可人给予办理。

3）线路第一种工作票办理延期手续时，应在有效时间尚未结束以前由工作负责人向工作许可人提出申请，经同意后给予办理。线路第二种工作票需办理延期手续，应在有效时间尚未结束以前由工作负责人向工作票签发人提出申请，经同意后给予办理。

4）工作票办理延期手续时，应在备注栏内注明延期的原因。

（25）工作票的统计保管：

1）各单位设专人负责本单位工作票的统计和保管工作，对工作票（包括已执行和作废的工作票）按种类、按月分别装订成册，首页为工作票考核封皮，装订模式采用上装订。

2）变电工作票由变电运维单位和修试单位分别保管，送电和配电工作票在本单位保管。各单位领导、安全员要检查上月已装订成册的工作票，在考核封皮上写明检查结果（如：是否合格，存在问题，整改措施和要求等）并签名。地市公司安监部和主管领导对已执行的工作票应随时进行抽查、考核，及时指出和纠正发现的问题并给出评价，检查后应在封皮上签名。

3）对跨月、跨年度的工作票，按工作票终结的月份和年度管理。

4）已装订成册的工作票应统一存放在专用资料盒内，当月工作票平时亦应存放在专用盒（夹）内，保持整洁有序。

5）当月无工作票时，也应正常填写工作票考核封皮并保管。

6）工作票保存一年。

（26）不合格工作票：

1）违反《电力安全工作规程》有关规定。

2）打印的工作票不清楚。

3）工作票中出现未经批准的工作票签发人、工作负责人、工作许可人、动火执行人的人员姓名。

4）工作终结时间超期。

5）安全措施不完善，与现场实际不符。

6）工作任务不具体、工作地点不确切。

7）不按规定使用术语填写。

8）应画附图说明而没画或与实际不符，颜色未区分。

9）不按规定统一编号，编号重复、丢失、多号。

10）漏签名、代签名的，签名字迹或修改盖章不清，应签名处盖章。

11）漏盖、错盖、不正规盖“已执行”和“作废”章。

12）一份工作票错字、漏字修改超过 3 处，每处超过 3 个字以上的，修改处字迹潦草，任意涂改及刀刮、贴补的。

13）不按规定履行手续。

14）工作票与分工作票或工作任务单所列工作内容、工作地点不符，安全措施有遗漏；分工作票或工作任务单没有按规定填写或履行正常手续。

15）工作票与分工作票或工作任务单未一同保存。

工作票与分工作票或工作任务单未一同保存的，安全措施有遗漏的。

16）出现其他不符合相关规定的情况。

14.2　动火工作票的规范及应用

1. 动火工作票的划分

按照动火工作划分级别，分别执行一级动火工作票和二级动火工作票。

2. 动火工作票基本要求

动火工作票至少一式三份，一份由工作负责人收执，一份由动火执行人收执，动火工作终结后应将这两份工作票交还给动火工作票签发人。还有一份保存在安监部（一级动火工作票）或动火部门（二级动火工作票）。若动火工作与运行单位有关时，还应多一份交运行人员收执。

3. 动火工作票的有效期

动火工作时限规定：一级动火工作票有效期为 24h，二级动火工作票有效期为 120h。动火作业超过有效期限应重新办理动火工作票。

4. 动火工作现场的消防要求

动火工作现场应配置的消防器材由申请动火部门负责，工作后消防器材应收回，使用过的消防器材应及时到消防部门以旧换新。

5. 动火工作票的人员要求

（1）具备相应资质的外单位承包相关工作，签订了安全协议的，其符合动火工作负责人条件的人员可以担任工作负责人，但需经公司（厂）安监部门和消防部门审查确认，由安监部门书面通知有关工作票签发人和工作许可人，同时管辖设备的单位要派熟悉现场的人员监督安全措施的实施。

（2）无相应资质的外单位的人员不能担任变电站、发电厂的动火工作负责人，确需进入变电站、发电厂工作，应由管辖设备单位派有资格的人员担任工作负责人。

（3）外单位来公司（厂）一、二级动火区内动火时，按动火等级办理动火工作票，动火工作票应由该部门签发。

6. 动火工作票上所列人员责任

工作票签发人仅对工作必要性、工作是否安全、所填安全措施是否正确完备负责；工作单位对工作班人员（含动火工作负责人和动火执行人）指派是否合适、精神状态是否良好等情况以及动火作业中的安全负责。各级审批人和现场消防监护人，仍由设备所属公司（厂）负责。

7. 执行动火工作票时的注意事项

（1）动火工作票签发人不得兼任该项工作的工作负责人。动火工作负责人可以填写动火工作票。动火工作票的审批人、消防监护人不得签发动火工作票。动火工作票不得代替设备停复役手续或检修工作票。

（2）执行完的动火工作票盖“已执行”章；对填写错误或因故不能作业而未履行工作许可手续的动火工作票，盖“作废”章，在备注栏中注明原因；已经履行工作许可手续的动火工作票，因故不能继续进行作业时，必须履行工作终结手续，此动火工作票视为已执行工作票，在备注内注明原因，盖“已执行”章。

（3）各级人员在发现防火安全措施不完善、不正确时，或在动火工作过程中发现有危险或违反有关规定时，均有权立即停止动火工作，并向上级报告。

（4）动火部门负责人（或技术专责人）、公司（厂）消防人员应始终在现场监护，否则不得点火开工。

（5）动火工作间断或结束时，工作负责人和动火执行人应认真检查清理现场，消除残留火种。

（6）国家、地方政府相关规定中划分的重点防火部位进行动火工作时，应联系地方消防部门组织实施。

8. 执行动火工作票前的准备工作

（1）动火工作负责人及动火执行人必须了解动火设备的构造、可燃物质的特性及消防方法，对不熟悉情况的工作人员应先进行安全教育、设备交底和消防教育后，方可允许参加动火工作。

（2）充油设备检修动火工作前，除了必须将动火设备与运行系统可靠隔离并放尽余油外，还应尽可能进行蒸汽吹扫或清洗，在满足要求的前提下才允许动火，并保持动火作业现场的通排风良好。

（3）有条件拆下的部件动火工作，如油管、法兰等必须拆下来移至安全场所；可以采用不动火方法检修同样能达预期效果时，尽量采用代替的方法解决。

9. 严禁动火的情况

遇有下列情况之一严禁动火：

（1）油船、油车停靠的区域。

（2）压力容器或管道未泄压前。

（3）存放易燃易爆物品的容器未清理干净前。

（4）风力达5级以上的露天作业。

（5）遇有火险异常情况未查明原因和消除前。

（6）转子、定子清洗后，区域清洗剂浓度较高时。

（7）喷漆现场。

14.3　电气倒闸操作票的规范及应用

1. 开展倒闸操作应具备的基本条件

（1）由值班调度员（包括网调、省调、地调、配调、调控）、运维值班负责人正式发布的指令（使用规范的调度术语），应准确、清晰，受令人复诵无误。

（2）倒闸操作人员必须具备相应的权限，精神状态良好，且了解操作目的、操作程序和注意事项。

（3）有与现场一次设备和实际运行方式完全符合的一次系统模拟图或电子接线图，并具备模拟操作功能。

（4）一次系统模拟图（包括各种电子接线图）上所列的接线方式、设备排列顺位、电压等级、变压器和消弧线圈分接头位置、设备名称和编号及运行状态等与现场实际必须保持一致。不同电压等级的设备用不同颜色加以区别，且清晰、明显。

（5）使用审核合格、模拟预演正确的操作票。

（6）设备具备明显标志，包括名称、编号、分合指示、旋转方向、切换位置的指示及电气相别色标等。

（7）交直流系统、主变压器风冷控制箱、端子箱、机构箱、继电保护屏、控制屏等（包括内部的空气断路器、把手、连接片、熔断器、按钮等）的名称和标志必须齐全、清楚、准确、规范。

（8）倒闸操作使用的操作工具、安全用具和设施等必须合格、合适、好用。

（9）倒闸操作时的气象条件、室内气体含量等满足要求。

2. 倒闸操作人员应具备的基本条件

（1）倒闸操作人员应有实际工作经验，熟悉管辖范围内电气设备的接线方式和技术参数，掌握运行方式和负荷变动情况。

（2）倒闸操作人员应熟知“五防”（防止误分合断路器、防止带负荷拉合隔离开关、防止带电挂接地线或合接地开关、防止带接地线合断路器或隔离开关、防止误入带电间隔）内容，对防误装置做到“四懂三会”（懂防误装置的原理、性能、结构和操作程序，会熟练操作、会处理缺陷、会维护）。

（3）操作人、监护人、值班负责人及有权接受调度指令的人员应经考试合格，经公司（厂）分管生产的行政副职或总工程师批准并公布后方可上岗。

（4）倒闸操作人员应保持良好的精神状态，如发现或了解到人员有精神状态不佳、身体状态不良等情况，应停止其开展倒闸操作。

(5) 满足 Q/GDW 1799.1—2013 中对作业人员基本条件的规定。

3. 倒闸操作的其他要求

(1) 倒闸操作必须严格执行 Q/GDW 1799.1—2013 和现场运行规程等有关规程、规定中关于倒闸操作的要求、原则、程序。

(2) 变电站、集控站、变电巡维中心、供电公司应根据管辖范围内系统接线方式编制典型操作票。

(3) 防误装置的万能解锁钥匙要按照国家电网公司《防止电气误操作安全管理规定》及相关规定执行。

(4) 操作票开票系统、"五防"系统的维护和培训，以及操作票的整理、装订和保管设专人负责。

4. 倒闸操作基本操作程序

倒闸操作是运维人员的基本技能，是对系统运行情况、设备状态等综合后，选择相对安全的，符合技术规范的操作程序。

(1) 断路器停、送电和并、解列操作前后，必须检查断路器实际位置和表计指示。

(2) 必须检查断路器在开位后，才允许进行合上或拉开断路器两侧隔离开关的操作，并检查操作后的隔离开关位置。

(3) 同一母线两元件由联络断路器互代，先合上联络断路器，后拉开被代配断路器及两侧隔离开关。

(4) 用旁路断路器代配操作时，必须首先检查各线路及主变压器旁路刀闸均在开位后，才允许进行代配操作。需对旁路母线（旁路保护应在投入位置）进行一次充电试验，确保旁路母线无故障。并列后应检查负荷分配和电流表计指示正确。

(5) 操作直流保险的操作顺序：停电时先拉开正极，后拉开负极；送电时先合负极，后合正极。

(6) 设备检修时，要拉开其操作直流、信号直流、动力的刀闸、保险或空气断路器。

(7) 设备送电时，相应方式的保护跳闸压板应在投入位置。调度另有指令投、停的保护压板除外。

(8) 停电操作必须按照断路器（开关）、负荷侧隔离开关（刀闸）、电源侧隔离开关（刀闸）顺序依次进行操作，送电操作按上述相反的顺序进行。禁止带负荷拉合隔离开关（刀闸）。

（9）母线电压互感器停电操作必须按照先拉开二次保险或二次开关，再拉开一次隔离开关的顺序操作。送电按上述相反的顺序进行。

（10）装设接地线时，应执行验电后立即装设接地线的规定，不得间断。装设接地线应先接接地端，后接导体端，接地线应接触良好，连接可靠。拆除接地线顺序与此相反。

（11）在开关柜内断路器两侧装设接地线时，应在断路器两侧验电后再装设接地线。如需装设绝缘挡板，验电后先装设绝缘挡板，后装设接地线，拆除顺序与此相反。

（12）接线方式如无专用旁路断路器，需要一个回路通过旁路母线代配另一回路时，在操作并、解列前应拉开这两个回路的操作直流保险或操作直流开关。

（13）中性点直接接地系统中，变压器停送操作前，必须先将变压器中性点直接接地后，才可进行操作。

（14）一般情况下如变压器高、低压侧均有电源，送电时应先由高压侧充电，低压侧并列。停电时先在低压侧解列，再由高压侧停电。

（15）用母联断路器对母线充电，必须带快速保护；无母联断路器，有条件时用外来电源充电，无条件时检查母线无问题后用隔离开关充电。

（16）倒母线操作时，在拉开母联断路器的操作直流保险或操作直流开关后应检查母联断路器在合位，才允许开始倒母线的倒闸操作。在母线所有元件倒至运行母线后，先检查母联断路器表计确无指示，再进行拉开母联断路器的操作。

（17）有断口电容的断路器向空母线充电或停电时，为防止该电容与母线电磁式电压互感器谐振，可采用停电压互感器、带主变压器、带消弧线圈等办法。

5. 倒闸操作的流程及要求

（1）接受令。由有权受令的人员接受值班调度员操作指令，要认真进行复诵核对并录音。接受的操作指令分为以下两种。

1）操作预令。应在操作记录簿内记录操作指令的下令人和受令人姓名、任务、内容、下达预令时间、计划操作时间、令号栏内写明“预令”。

2）正式操作指令。应在操作记录簿内记录操作指令的下令人和受令人姓名、任务、内容、时间、令号栏内写明“口头令”或具体令号。

（2）填写操作票。有权受令的人员接受值班调度员操作指令后，指定监护人和操作人，交代操作任务、操作原则、操作程序等有关注意事项。监护人、操作人共同商定具体操作步骤，由操作人员填写操作票。操作票填写完后，在“操作项目”栏第一空格靠左侧盖“以下空白”章，以示项目终结。如操作项目栏一页刚好用完，“以下空白”章不盖。填写完成的操作票要进行逐级审核。

特殊情况下，前值人员填写的操作票，需要交给下值执行操作时，接班的操作人员要对上值的操作票对照操作指令和实际运行方式认真细致地进行逐项审查。

需经其生产管理人员审核并签字的大型或复杂的操作主要是指变电站新设备投入，双母线倒换，三条及以上回路同时停、送电，并、解列操作及220kV旁路代送等。

(3) 模拟预演。开始操作前应先进行核对性模拟预演。模拟预演时值班负责人和协助操作的人员应观看模拟预演，以便发现问题。模拟预演时监护人要逐项唱票，操作人手指模拟操作设备进行复诵。在监护人确认正确后发出“对！执行”动令后操作人执行模拟操作。回令“执行完毕”后，监护人确认无误后在操作票“模拟”栏内该项打蓝（黑）色“√”标记。无法模拟预演的项目，操作人也应逐项复诵，声音要洪亮、清晰。模拟预演确认无误后，向电脑钥匙传送数据。

(4) 正式倒闸操作。一份操作票规定由一组人员操作，监护人手中只能持一份操作票。执行倒闸操作任务时严禁中途换人，严禁做与操作无关的事情。

操作人、监护人按要求着装并携带解锁钥匙和操作用安全工器具，严格按照操作票和受令人要求进行逐项操作。

监护人应自始至终认真监护，不得离开操作现场或进行其他工作，操作人的每一步操作都要经过监护人同意后进行。操作过程中，操作人在前，监护人在后，两人的步调、相互位置要协调，并保证操作人在操作过程中始终处于监护人的视线之中。没有监护人的命令和监护，操作人不得擅自操作（包括解锁或其他触碰电气设备的行为）。

操作时应首先核对要操作回路或同一系统设备的实际状态。操作中每一项应严格执行“四对照”，即对照设备名称、编号、位置和拉合方向，确认符合后方可执行操作。

操作时监护人宣读操作项目，操作人复诵，声音要洪亮，吐字要清楚。监护人确认无误，发出“对！解锁”令。操作人解锁后，手握把手，监护人发出“对！执行”令后，操作人即按正确拉合方向进行操作。操作完了立即上锁后手离操作设备，并回“执行完毕”。监护人核对操作无误后，在操作票“操作”

栏该项前打一个红色“√”标记，需记录操作时间的项应记录操作结束时间。严禁操作完一起打“√”或提前打“√”。决不允许不按操作票而凭经验或记忆进行操作。

操作时必须按操作票的顺序依次进行操作，不得跳项、漏项，不得擅自更改操作顺序。特殊情况必须有值班调度员的指令和值班负责人的许可，确认无误操作时方可进行操作，并在该项“操作”栏前打一个红色“×”标记，在备注栏内注明原因。

需联系调度后方可操作的项目，监护人要在操作票“联系调度”栏记录调度下分项令时间和调度下令人姓名，受令人要在操作记录簿中记录操作结束时间和调度下分项令时间和调度下令人姓名。

在操作中遇有异常、事故或发现影响操作的缺陷时应立即停止操作，汇报调度及相关人员，并按调度指令执行。

倒闸操作宜全过程录音，每个操作任务生成一个录音文件，严禁事后补录音。每个录音文件保存期限为一年。

装、拆接地线均应使用绝缘棒和绝缘手套，人体不得触碰接地线或未接地的导线，以防止触电。接地线应采用三相短路式接地线，若使用分相式接地线时，应设置三相合一的接地端。接地线使用专用的线夹固定在导线上，禁止用缠绕的方法进行接地或短路。

（5）操作结束。回传操作信息并将解锁钥匙和操作用安全工器具归位。受令人接到监护人报告“操作任务全部执行完毕”并收回操作票。向下令人汇报，并在操作记录簿和操作票中记录操作结束时间。已执行完或执行部分操作项目的操作票在项目栏右下角盖“已执行”章；因调度指令作废或填写错误的操作票在项目栏右下角盖“作废”章并在“备注栏”内注明原因。

6. 倒闸操作的填写要求

（1）操作票应根据 Q/GDW 1799.1—2013《国家电网公司电力安全工作规程变电部分》及相关管理规定的要求进行填写。手工填写要求使用黑色或蓝色的钢（水）笔或圆珠笔逐项填写，字迹工整，提倡使用仿宋体。微机开出与手工填写的操作票格式必须一致，统一使用 A4 纸。（此为黑龙江省规定）

（2）操作票要统一编号，按编号顺序依次使用，年度内不能重复。

（3）需要得到调度命令才能执行的前一项，要有“联系调度”项，综合操作令时不写“联系调度”项。

（4）操作票中的关键词语（拉开、合上、投入、停用、装设、拆除、拉至、推至、设备名称和编号等）不得涂改，保持票面清楚、整洁。微机打印操作票不允许修改。手工填写的操作票如有个别错字、漏字要修改时，必须保证清晰，应用红笔在错字上画“＝”线，然后在横线上部或后边写上正确的字，漏字用“√”填入，每页修改不应超过3个字，禁止涂改和刀刮。

（5）操作票应填写设备的双重名称，即设备名称和编号。检查项可以只写编号。

（6）操作顺序应根据调度令进行填写，严禁调用历史票。停电和送电操作应分别填写操作票。

（7）断路器、隔离开关、接地开关、动力刀闸（保险、开关）、接地线、压板、切换把手、保护直流、操作直流、电流回路切换连片（每组连片）、电压互感器一次保险、电压互感器二次保险（开关）、所用变一次保险、所用变二次刀闸（开关）、自动装置等均应视为独立的操作对象，填写操作票时不允许并项，应列单独的操作项。

（8）备用栏内不许填写操作项目，对“作废”“未操作项”等原因必须在其中注明［使用蓝（黑）色的钢（水）笔或圆珠笔］。

7. 必须填入操作票的项目

（1）应拉合的设备（断路器、隔离开关、接地开关等），验电（检验是否确无电压），装拆接地线，安装或拆除控制回路或电压互感器回路的熔断器，投退切换或检查保护和自动装置，检查表计等。

（2）交、直流系统操作。

（3）防止电压互感器、站用变压器二次反送电的操作。

（4）其他要求填入的操作项目。

8. 应填入操作票的检查项目

（1）断路器分、合闸后检查实际位置。同一母线上各回路同时停、送电时，可待全部断路器操作完后检查实际位置，但检查项目要分别列项填写，严禁并项。

（2）下列情况应抄录电流或电压：并解列（包括系统并解列、变压器并解列、双回线并解列、用旁路代送、倒母线）；检查负荷分配（检查三相电流平衡）；拉合母联断路器或分段断路器；空充母线时。电压、电流分相显示的应抄录各相电压、电流数值。

（3）在操作地点看不见隔离开关的实际开、合位置的，要在操作后检查实际位置。

（4）旁路代配前要先检查系统各线路及主变压器旁路隔离开关均在开位。

（5）设备送电前，检查送电范围内接地线确已拆除，可列为一项总的检查项目。

（6）接地开关拉开一组检查一组。对分相操作的接地开关，每相操作应单列操作项目，每组可列一总的检查项目。

（7）切换保护电压后，要检查电压切换是否正常。

（8）母线充电后对充电母线进行检查。

（9）在投入母差保护压板前要检查差流数值在要求范围内（测量差流或查看母差屏液晶显示）。

9. 必须填写时间的操作项目

（1）系统令中需“联系调度”项应填写发令人姓名和时间。

（2）主变压器各侧断路器的拉、合。

（3）线路的并解列（环）。

（4）主变压器主保护投入与停用（瓦斯保护、差动保护）。

（5）准许用隔离开关对设备充电和停电的拉合。

（6）新设备冲击、试验时拉合断路器。

10. 倒闸操作的操作术语要求

（1）操作用语一般情况动词在前，名词在后。个别情况下例外。

（2）多油断路器、空气断路器、少油断路器、六氟化硫断路器、小车开关等统称为断路器。跌落式保险统称跌落式保险。

（3）操作断路器、隔离开关（包括低压隔离开关、接地开关）用“拉开”“合上”，小车断路器、隔离开关用“拉至”“推至”。控制、信号回路和电压互感器的熔断器或空气开关用“拉开”“合上”。

（4）操作转换开关、微机保护切换定值区或更改压板位置的操作用“切至”。

（5）启、停某种保护或自动装置压板，用“投入”“停用”。

（6）变压器或消弧线圈倒分接开关位置时用“调至”。

（7）检查断路器、隔离开关位置用“在合位”“在开位”。

（8）验电用“验电三相确无电压”“验电×相、×相确无电压”。

（9）装、拆接地线用“装设”“拆除”。

（10）检查表计指示用“指示正确”“确无指示”。数值用红笔填写。

11. 不用操作票和事故应急处理使用操作票的规定

（1）不用操作票的规定：事故紧急处理；拉合断路器（开关）的单一操

作；程序操作。上述操作在完成后应做好记录。

（2）事故应急处理使用操作票的规定：事故应急处理的操作，原则上可不用操作票，但应保存原始记录，如果时间允许，必须执行操作票。

12. 操作票的检查、统计和保管一般要求

（1）操作票要按月整理，按编号顺序装订，统一采用上装订模式。

（2）操作票要放在专用的档案盒内妥善保管留存，保存期不少于一年，以便备查。

（3）各级人员定期开展考核并给出评语并签字，要求合格率达到100%。

（4）每班要对上值执行的操作票进行检查。

（5）安监、生技部门对所属单位的操作票要进行检查和考核。

13. 不合格操作票的规定

发生下列情况之一者为不合格操作票：

（1）违反Q/GDW 1799.1—2013《国家电网公司电力安全工作规程变电部分》和有关规定。

（2）打印的操作票不清楚。

（3）操作票中出现未经批准的操作人、监护人人员姓名。

（4）不按规定使用操作术语填写。

（5）不按规定统一编号，编号重复、丢失、多号。

（6）漏签名、代签名的，签名字迹不清，应签名处盖章的。

（7）漏盖、错盖、不正规盖“已执行”、“作废”、“以下空白”章的。

（8）微机打印操作票手工修改的。手写操作票设备名称和编号等关键术语修改的；手写操作票错字、漏字每页修改超过3个字以上的，修改处字迹潦草，任意涂改及刀刮、贴补。

（9）操作票执行的操作任务与调度或值班负责人下的指令任务内容相违背。

（10）操作内容并项、漏项、跳项。

（11）漏打、错打或多打“√”。

（12）将操作任务合并开一张操作票。

（13）操作项目顺序不对，不按规定填写操作时间。

（14）备注栏内填写操作项目的，未注明“作废”、未操作项等原因或未按要求使用篮（黑）笔填写。

（15）其他不符合相关规定的情况。

第 15 章

变电设备状态检修及安全性评价

本章主要介绍变电设备的状态检修工作，变电状态检修是近些年发展起来的一种较为先进的检修模式和管理方式，这一检修模式包含了信息收集、在线监测、风险评估、状态评价、检修策略、绩效评估等诸多内容。

15.1　变电设备状态检修试验规程简介

状态检修一般是指通过先进的状态监测、诊断技术提供电气设备状态信息，经过相应数据分析来判断电气设备是否出现异常，提前预知设备可能发生的故障，从而在故障发生前进行检修，避免事故的发生。其中相关数据的分析和评价尤为重要，据此判断设备的状态，安排检修计划。

本书根据运维工作的实际情况，参考 Q/GDW1168－2013《输变电设备状态检修试验规程》（以下简称试验规程）并结合国网黑龙江省电力有限公司的实际情况，对设备巡检、停电试验、带电检测、在线监测、诊断试验的项目、检验的周期等状态检修规程进行介绍。

15.2　变电设备状态检修设备简介

依据规程，变电设备的状态检修共有 17 类设备，其区分较为详细，针对不同设备，其评价方式和评价内容也不完全相同。

（1）油浸式变压器（电抗器）：电压等级为 110(66)～750kV 的交流油浸式变压器（电抗器）设备。

（2）35kV 油浸式变压器（电抗器）：35kV 油浸式变压器（电抗器）设备。

(3) SF_6 高压断路器：电压等级为 110(66)～750kV 的 SF_6 高压交流瓷柱式和罐式断路器，35kV 及以下电压等级设备由各网省公司参照执行。

(4) 电流互感器：电压等级为 110(66)～750kV 的电流互感器设备，35kV 及以下电压等级设备由各网省公司参照执行。

(5) 电磁式电压互感器：电压等级为 110(66)～750kV 的电磁式电压互感器设备，35kV 及以下电压等级的电磁式电压互感器由各网省公司参照执行。

(6) 电容式电压互感器（耦合电容器）：电压等级为 110(66)～750kV 的电容式电压互感器、耦合电容器设备，35kV 及以下电压等级设备由各网省公司自行规定。

(7) 隔离开关和接地开关：电压等级为 110(66)～750kV 的隔离开关和接地开关设备，35kV 及以下电压等级设备由各网省公司参照执行。

(8) 气体绝缘金属封闭开关：110(66)kV 及以上电压等级 GIS 和 HGIS 等其他类型的组合电器，35kV 及以下电压等级的 GIS 设备由各网省公司参照执行。

(9) 金属氧化物避雷器：电压等级为 110(66)～750kV 的金属氧化物避雷器，35kV 及以下电压等级的金属氧化物避雷器由各网省公司参照执行。

(10) 并联电容器装置（集合式电容器装置）：电压等级为 10、35kV 的并联电容器装置（集合式电容器装置），其他电压等级的并联电容器装置（集合式电容器装置）由各网省公司参照执行。

(11) 干式并联电抗器：电压等级为 10～66kV 的交流干式并联电抗器。

(12) 弧线圈装置：电压等级为 6～66kV 的消弧线圈装置。

(13) 10(66)kV 及以上电压等级交直流穿墙套管：电压等级为 110(66)kV 及以上交直流穿墙套管（包括油纸绝缘、复合绝缘和 SF_6 气体绝缘等绝缘方式）的状态检修工作，35kV 及以下电压等级设备由各网省公司参照执行。

(14) 防雷及接地装置：电压等级为 35kV～1000kV 的避雷针及接地装置的状态检修。

(15) (7.2)kV～40.5kV 交流金属封闭开关：电压等级为 12(7.2)～40.5kV 的交流金属封闭开关设备。

(16) 直流系统：变电站直流系统（蓄电池包括防酸隔爆铅酸蓄电池、阀控式密封铅酸蓄电池，充电装置包括相控式、高频开关电源等）的状态评价工作。

(17) 所用电系统：系统电压等级为 0.4kV 的所用电系统设备（包括开关柜、配电装置、馈电及网络、控制保护及计量）。

15.3　油浸式变压器（电抗器）状态检修及评价

变压器是电力系统中最主要的设备之一，由铁芯、绕组、变压器油、油箱、储油柜、套管、净油器、呼吸器、气体继电器、冷却系统、消防系统、调压装置、温度计、压力释放装置等部件组成，其运行状况的好坏直接影响系统的安全运行。有效开展变压器状态检修工作，就是为了向变电设备检修决策、检修手段及时有效地提供数据和依据，保证电力变压器运行的可控、能控、在控。

本段以电力系统的电力变压器（电抗器）为对象介绍有关状态检修规程中的相应规定。

1. 变压器（电抗器）的状态评价具体划分

变压器（电抗器）的状态评价分为部件评价和整体评价两部分。

变压器部件的划分为本体、套管、分接开关、冷却系统以及非电量保护（包括轻重瓦斯、压力释放阀以及油温油位等）五个部件。电抗器部件的划分参照变压器部件的划分原则。变压器（电抗器）的整体评价应综合其部件的评价结果。当所有部件评价为正常状态时，整体评价为正常状态；当任一部件状态为注意状态、异常状态或严重状态时，整体评价应为其中最严重的状态。

2. 变压器（电抗器）部件的状态评价方法

变压器（电抗器）部件的评价应同时考虑单项状态量的扣分和部件合计扣分情况，部件状态评价标准见表 15-1。

表 15-1　　变压器（电抗器）各部件评价标准

评价标准 / 部件	正常状态		注意状态		异常状态	严重状态
	合计扣分	单项扣分	合计扣分	单项扣分	单项扣分	单项扣分
本体	≤30	≤10	＞30	12～20	＞20～24	＞30
套管	≤20	≤10	＞20	12～20	＞20～24	＞30
冷却系统	≤12	≤10	＞20	12～20	＞20～24	＞30
分接开关	≤12	≤10	＞20	12～20	＞20～24	＞30
非电量保护	≤12	≤10	＞20	12～20	＞20～24	＞30

当任一状态量单项扣分和部件合计扣分同时达到表 15-1 的规定时，视为正常状态。

当任一状态量单项扣分或部件所有状态量合计扣分达到表 15-1 的规定时，视为注意状态。

当任一状态量单项扣分达到表15-1的规定时，视为异常状态或严重状态。

3. 变压器的状态检测技术

对于运行中的变压器，除了检视温度、油位等指标外，可以通过带电检测或在线监测来监视变压器油中溶解气体及微水、局部放电、电容型套管的介绍损耗、铁芯接地电流，利用红外检测技术可以对套管、引线接头、储油柜以及油箱外壳的缺陷进行检测，还可以通过测量流过泵体和风扇的电流与油温检测变压器的冷却系统。

4. 变压器（电抗器）的检修分类

按工作性质内容及工作涉及范围，将变压器（电抗器）检修工作分为四类：A类检修、B类检修、C类检修、D类检修。其中A、B、C类是停电检修，D类是不停电检修。其中A类检修是指变压器（电抗器）本体的整体性检查、维修、更换和试验；B类检修是指变压器（电抗器）局部性的检修，部件的解体检查、维修、更换和试验。C类检修是常规性检修、维修和试验。D类检修是对变压器（电抗器）在不停电状态下进行的带电测试、外观检查和维修。

5. 变压器评价分类以及评价的原则和周期

变压器评价分为动态评价和定期评价两种。

应实行动态评价与定期评价相结合的原则，即每次获得设备状态量后，均应根据状态量对设备进行评价，并保证对设备的总体评价每年至少进行一次，设备定期评价宜安排在年度检修计划制订前。

6. 油浸式变压器（电抗器）的状态量规定

各地自然条件、设备状况差异较大，因此《油浸式变压器（电抗器）状态评价导则》中状态量的选择、状态量的权重、状态量的劣化程度分级等仅为推荐，各地区可根据当地的实际情况，对其进行适当调整。如可根据需要增加或减少部分状态量，或调整状态量的权重，也可针对不同电压等级或不同结构的设备设置不同的状态量，以更好地适应当地电网设备状态评价的实际需要。

7. 油浸式变压器（电抗器）的A类检修项目

（1）吊罩、吊芯检查。

（2）本体油箱及内部部件的检查、改造、更换、维修。

（3）返厂检修。

（4）相关试验。

8. 油浸式变压器（电抗器）的B类检修项目

（1）主要更换部件：套管或升高座（电流互感器）、储油柜、分接开关、散热器、非电量保护元器件、绝缘油、其他。

（2）现场干燥处理。

（3）停电时的其他部件或局部缺陷检查、处理、更换工作。

（4）相关试验。

9. 油浸式变压器（电抗器）的 C 类检修项目

（1）参照新版 Q/GDW 1168—2013 规定进行试验。

（2）清扫、检查、维修。

10. 油浸式变压器（电抗器）的 D 类检修项目

（1）带电测试。

（2）维修、保养。

（3）检修人员专业检查巡视。

（4）其他。

11. 变压器渗漏油的状态检修和评价

变压器渗漏油主要存在于本体、套管、冷却系统、分接开关、气体继电器、压力释放阀等 6 个主要部分，由于各部分在运行中的作用不同，所以每个部分的渗漏油状态检修及评价也就不同。

变压器本体渗漏油：

（1）有轻微渗油，未形成油滴，部位位于非负压区，根据变压器（电抗器）状态量评价标准其劣化程度为Ⅰ，基本扣分值为 2 分，权重系数为 2，所以，状态扣分值为 4 分，单项扣分小于等于 10 分，合计扣分小于等于 30 分，评价为正常状态，可进行 C 类或 D 类检修。

（2）有轻微渗漏（但渗漏部位位于非负压区），不快于每滴 5s，根据变压器（电抗器）状态量评价标准其劣化程度为Ⅱ，基本扣分值为 4 分，权重系数为 4，所以，状态扣分值为 16 分，单项扣分大于等于 10 分，但在 12～20 分之间，合计扣分小于等于 30 分，故评价为注意状态，可进行 C 类检修。

（3）渗漏位于负压区或油滴速度快于每滴 5s 或形成油流，根据变压器（电抗器）状态量评价标准其劣化程度为Ⅳ，基本扣分值为 10 分，权重系数为 4，所以，状态扣分值为 40 分，单项扣分大于 30 分，评价为严重状态，可进行 A 类检修。

12. 变压器呼吸器的状态检修和评价

（1）变压器呼吸器吸湿器油封异常，或呼吸器呼吸不畅通，或硅胶潮解变色部分超过总量的 2/3 或硅胶自上而下变色，根据变压器（电抗器）状态量评价标准其劣化程度为Ⅱ，基本扣分值为4分，权重系数为2，所以，状态扣分值为8分，单项扣分小于等于10分，合计扣分小于等于30分，评价为正常状态，可进行C类或D类检修。

(2) 变压器呼吸器无呼吸，根据变压器（电抗器）状态量评价标准其劣化程度为Ⅳ，基本扣分值为10分，权重系数为2，所以，状态扣分值为20分，单项扣分大于等于10分，但在12～20分区间，合计扣分小于等于30分，故评价为注意状态，可进行C类检修。

设备状态评价标准应参考《国家电网公司电网设备状态检修丛书》，以下其他设备均同。

15.4 35kV油浸式变压器（电抗器）状态检修及评价

2010年，在原有的《110kV油浸式变压器（电抗器）状态检修及评价导则》的基础上，国家电网公司将《35kV油浸式变压器（电抗器）状态检修及评价》编制也提上了日程，35kV油浸式变压器（电抗器）除部件划分、评价标准与110kV油浸式变压器（电抗器）有所不同外其他基本一致。本节对35kV油浸式变压器（电抗器）做简单介绍，其他内容可参照110kV油浸式变压器（电抗器）标准执行。

1.35kV油浸式变压器（电抗器）的具体划分

35kV油浸式变压器（电抗器）的状态评价分为部件评价和整体评价两部分。

35kV油浸式变压器（电抗器）部件分为本体（含套管）、分接开关及其他组部件（含散热器、储油柜、非电量保护元器件等）三个部分。

2.35kV油浸式变压器（电抗器）部件的状态评价方法

油浸式变压器（电抗器）部件的评价应同时考虑单项状态量的扣分和部件合计扣分情况，部件状态评价标准见表15-2。

表15-2　　油浸式变压器（电抗器）各部件评价标准

评价标准 部件	正常状态		注意状态		异常状态	严重状态
	合计扣分	单项扣分	合计扣分	单项扣分	单项扣分	单项扣分
本体（套管）	≤30	≤10	>30	12～20	20～24	≥30
分接开关	≤20	≤10	>20	12～20	20～24	≥30
其他组部件	≤20	≤10	>20	12～20	20～24	≥30

当任一状态量单项扣分和部件合计扣分同时达到表 15-2 的规定时，视为正常状态；

当任一状态量单项扣分或部件所有状态量合计扣分达到表 15-2 的规定时，视为注意状态；

当任一状态量单项扣分达到表 15-2 的规定时，视为异常状态或严重状态。

3. 35kV 油浸式变压器（电抗器）的状态检修基本原则

35kV 油浸式变压器（电抗器）状态检修策略既包括年度检修计划的制订，也包括缺陷处理、试验、不停电的维修和检查等。检修策略应根据设备状态评价的结果动态调整。年度检修计划每年至少修订一次。根据最近一次设备状态评价结果，考虑设备风险评估因素，并参考厂家的要求确定下一次停电检修时间和检修类别。在安排检修计划时，应协调相关设备检修周期，尽量统一安排，避免重复停电。对于设备缺陷，根据缺陷性质，按照缺陷管理有关规定处理。同一设备存在多种缺陷，也应量安排在一次检修中处理，必要时，可调整检修类别。C 类检修正常周期宜与试验周期一致。不停电维护和试验根据实际情况安排。

4. 35kV 油浸式变压器（电抗器）的检修策略

（1）被评价为“正常状态”的油浸式变压器（电抗器），执行 C 类检修。根据设备实际状况，C 类检修可按照正常周期或延长一年执行。在 C 类检修之前，应根据实际需要适当安排 D 类检修。

（2）被评价为“注意状态”的油浸式变压器（电抗器），执行 C 类检修。如果单项状态量扣分导致评应根据实际情况提前安排 C 类检修。如果仅由多项状态量合计扣分导致评价结果为“注意状态”时，应按正常周期执行，并根据设备的实际状况，增加必要的检修或试验内容。注意状态的设备应加强 D 类检修。

（3）被评价为“异常状态”的油浸式变压器（电抗器），根据评价结果确定检修类型，并适时安排检修。实施停电检修前应加强 D 类检修。

（4）被评价为“严重状态”的油浸式变压器（电抗器），根据评价结果确定检修类型，并尽快安排检修。实施停电检修前应加强 D 类检修。

15.5　SF_6 高压断路器状态检修及评价

SF_6 断路器作为东北地区的电网主设备，在电力体统中起着非常重要的作用，它不仅能切断正常运行中的负荷电流，还能与继电保护相配合，迅速切断故障电流，将故障点隔离，防止事故扩大。SF_6 断路器由动静触头、SF_6 气体、压力检测系统、瓷套管、机构、引线接头等部件组成，具有较强的灭弧性能，且不易老化、不易与其他物质发生反应，便于维护和管理。随着电力系统的技术和电力市场经济的发展，一方面要求电网可靠性进一步提高，并减少电网和设备事故；另一方面要求电力企业在发展中能有较好的经济效益，即降低电力企业的生产成本。以可靠性为中心的状态检修为提高电力系统的设备运行水平，提高供电可靠性，提供技术支撑。因此对于 SF_6 断路器的状态检修内容，运维人员应重点学习，明确相关的要求和评价指标。

本节以电力系统的 SF_6 断路器为对象，介绍常见 SF_6 断路器的相关状态检修知识，具体细则根据设备的型号略有不同。

1. SF_6 断路器的状态评价分类

按照 Q/GDW 171—2008《SF_6 高压断路器状态评价导则》，SF_6 高压断路器的状态评价分为部件评价和整体评价两部分。其中 SF_6 高压断路器的部件分为本体、操作机构（分为弹簧、液压机构、压弹簧、气体机构等）、并联电容、合闸间电阻四个部件。

2. SF_6 断路器的检修分类

按工作性质内容及工作涉及范围，将 SF_6 断路器检修分为四类：A 类检修、B 类检修、C 类检修、D 类检修。其中 A、B、C 类是停电检修，D 类是不停电检修。其中 A 类检修是指 SF_6 高压断路器的整体解体性检查维修，更换和试验；B 类检修是指 SF_6 高压断路器局部性的检修，部件的解体检查，维修，更换和试验；C 类检修是对 SF_6 高压断路器常规性试检查维护和试验；D 类检修是对 SF_6 高压断路器在不停电状态下进行的带电测试、外观检查和维修。

3. 断路器部件的状态评价方法

断路器部件的评价应同时考虑单项状态量的扣分和部件合计扣分情况，部件状态评价标准见表 15-3。

表 15-3　断路器各部件评价标准

部件＼评价标准	正常状态	注意状态		异常状态	严重状态
	合计扣分	合计扣分	单项扣分	单项扣分	单项扣分
断路器本体	＜30	≥30	12～16	20～24	≥30
操作机构	＜20	≥20	12～16	20～24	≥30
并联电容器	＜12	≥12	12～16	20～24	≥30
合闸电阻	＜12	≥12	12～16	20～24	≥30

当任一状态量单项扣分和部件合计扣分同时达到表 15-3 的规定时，视为正常状态。

当任一状态量单项扣分或部件所有状态量合计扣分达到表 15-3 的规定时，视为注意状态。

当任一状态量单项扣分达到表 15-3 的规定时，视为异常状态或严重状态。

4. SF_6 断路器整体的状态评价方法

断路器整体评价应综合其部件的评价结果。当所有部件评价为正常状态时，整体评价为正常状态；当任一部件状态为注意状态、异常状态或严重状态时，整体评价应为其中最严重的状态。

5. SF_6 断路器的 A 类检修项目

（1）现场全面解体检修。

（2）返厂检修。

6. SF_6 断路器的 B 类检修项目

（1）本体部件更换：极柱、灭弧室、导电部件、均压电容器、合闸电阻、传动部件、支持瓷套、密封件、SF_6 气体、吸附剂、其他。

（2）本体主要部件处理：灭弧室、传动部件、导电回路、SF_6 气体、其他。

（3）操动机构部件更换：整体更换、传动部件、控制部件、储能部件、液压油处理、其他。

7. SF_6 断路器的 C 类检修项目

（1）预防性试验，按 Q/GDW 1168—2013 规定进行例行试验。

（2）清扫、维护、检查、修理。

（3）检查项目：检查高压引线及端子板、检查基础及支架、检查瓷套外表、检查均压环、检查相间连杆、检查液压系统、检查机构箱、检查辅助及控制回路、检查分合闸弹簧、检查油缓冲器、检查并联电容、检查合闸电阻。

8. SF_6 断路器的 D 类检修项目

（1）绝缘子外观检查。

（2）对有自封阀门的充气口进行带电补气工作。

（3）对有自封阀门的密度继电器/压力表进行更换或校验工作。

（4）防锈补漆工作（带电距离够的情况下）。

（5）更换部分二次元器件，如直流空气断路器。

（6）检修人员专业巡视。

（7）带电检测项目。

9. SF_6 断路器本体压力表外观及指示异常的状态检修和评价

SF_6 断路器本体压力表外观有破损或有渗漏油，根据 SF_6 断路器状态量评价标准其劣化程度为Ⅲ，基本扣分 8 分，权重系数为 3，所以，状态扣分值为 24 分，虽合计扣分小于 30 分，但单项扣分在 20～24 分区间，故评价为异常状态，可进行 B 类检修。

10. SF_6 断路器液压机构压力及打压不符合规定的状态检修和评价

（1）液压机构 24h 内打压次数超过技术文件要求时，根据 SF_6 断路器状态量评价标准其劣化程度为Ⅱ，基本扣分 4 分，权重系数为 4，所以，状态扣分值为 16 分，在 12～16 区间，评价为注意状态，可进行 C 类检修。

（2）液压机构 24h 内打压次数超过技术文件要求且有上升趋势时，根据 SF_6 断路器状态量评价标准其劣化程度为Ⅲ，基本扣分 8 分，权重系数为 4，所以，状态扣分值为 32 分，单项扣分大于等于 30 分，评价为严重状态，可进行 A 类检修。

（3）液压机构打压不停泵时，根据 SF_6 断路器状态量评价标准其劣化程度为Ⅳ，基本扣分 10 分，权重系数为 4，所以，状态扣分值为 40 分，单项扣分大于等于 30 分，评价为严重状态，可进行 A 类检修。

（4）分闸闭锁合闸闭锁动作时，根据 SF_6 断路器状态量评价标准其劣化程度为Ⅳ，基本扣分 10 分，权重系数为 4，所以，状态扣分值为 40 分，单项扣分大于等于 30 分，评价为严重状态，可进行 A 类检修。

11. SF_6 断路器引线接头温度过高的状态检修和评价

（1）SF_6 断路器引线接头温差不超过 15℃时，根据 SF_6 断路器状态量评价标准其劣化程度为Ⅱ，基本扣分 4 分，权重系数为 3，所以，状态扣分值为 12 分，在 12～16 分区间，评价为注意状态，可进行 C 类检修。

（2）SF_6 断路器引线接头热点温度大于等于 80℃或相对温差大于等于 80％时，根据 SF_6 断路器状态量评价标准其劣化程度为Ⅲ，基本扣分 8 分，权重系数为 3，所以状态扣分值为 24 分，在 20～24 分区间，评价为异常状态，可进行 A 类检修。

（3）SF_6 断路器引线接头热点温度大于等于 110℃或相对温差大于等于 95％时，根据 SF_6 断路器状态量评价标准其劣化程度为Ⅳ，基本扣分 10 分，权重系数为 3，所以状态扣分值为 30 分，单项扣分大于等于 30 分，评价为严重状态，可进行 A 类检修。

15.6　隔离开关和接地开关状态检修及评价

隔离开关是电力系统中非常重要的设备，它用于隔离电源，将高压检修设备与带电设备断开，使其间有一明显可看见的断开点。隔离开关与断路器配合后，按系统运行方式的需要进行倒闸操作，以改变系统运行接线方式。一般在断路器前后两面各安装一组隔离开关，目的均是要将断路器与电源隔离，形成明显断开点。隔离开关用来将高压配电装置中需要停电的部分与带电部分可靠地隔离，以保证检修工作的安全。隔离开关的触头全部敞露在空气中，具有明显的断开点，隔离开关没有灭弧装置，因此不能用来切断负荷电流或短路电流，否则在高压作用下，断开点将产生强烈电弧，并很难自行熄灭，甚至可能造成飞弧（相对地或相间短路），烧损设备，危及人身安全。隔离开关还可以用来进行某些电路的切换操作，以改变系统的运行方式。在双母线电路中，可以用隔离开关将运行中的电路从一条母线切换到另一条母线上。同时，也可以用来操作一些小电流的电路。

1. 隔离开关和接地开关状态检修分类

按照工作性质内容及工作涉及范围，将隔离开关和接地开关检修工作分为四类：A 类检修、B 类检修、C 类检修、D 类检修。其中 A、B、C 类是停电检修，D 类是不停电检修。A 类检修是指隔离开关和接地开关的整体解体性检查、维修、更换和试验；B 类检修是指隔离开关和接地开关局部性的检修，如机构解体检查、维修、更换和试验；C 类检修是指对隔离开关和接地开关常规性检查、维护和试验；D 类检修是指对隔离开关和接地开关在不停电状态下的带电测试、外观检查和维修。

2. 隔离开关和接地开关状态评价方法

隔离开关和接地开关的评价应同时考虑单项状态量的扣分和合计扣分情况，状态评价标准见表 15-4。

表 15-4　　　　隔离开关和接地开关状态评价标准

正常状态	注意状态		异常状态	严重状态
合计扣分	合计扣分	单项扣分	单项扣分	单项扣分
＜30	≥30	12～16	20～24	≥30

当状态量单项合计扣分达到表 15-4 的规定时，视为正常状态。

当任一状态量单项扣分或所有状态量合计扣分达到表 15-4 的规定时，视为注意状态。

当任一状态量单项扣分达到表 15-4 的规定时，视为异常状态或严重状态。

3. 隔离开关和接地开关的严重状态

当隔离开关和接地开关出现下列情况时，该设备应评价为严重状态：

（1）累计机械操作次数达到制造厂规定值。

（2）发生拒分、合现象，或自行误分合，或接地闸刀拉不开。

（3）出线座卡死或不能操作。

（4）操作时可动部件卡死或不能操作。

（5）操作连杆断裂或脱落。

（6）机械闭锁失灵。

4. 隔离开关和接地开关的 A 类检修项目

（1）现场各部件的全面解体检修。

（2）返厂检修。

（3）本体部件更换：导电部件、传动部件、支持绝缘子、其他。

（4）相关试验。

5. 隔离开关和接地开关的 B 类检修项目

（1）本体主要部件处理：传动部件、导电部件、其他。

（2）操作机构部件更换、整体更换、传动部件、控制部件、其他。

（3）停电时的其他部件或局部缺陷检查、处理、更换工作。

（4）相关试验。

6. 隔离开关和接地开关的 C 类检修项目

（1）按照 Q/GDW 1168—2013 规定进行例行试验。

（2）清扫、检查、维护。

（3）检查项目：检查进出线端子和触头、检查构架和基础、检查绝缘子外表面、检查均压环、检查操作连杆、检查电动机运行情况、检查辅助及控制回路、检查机构箱、检查机械闭锁、检查防误装置、绝缘子超声探伤。

7. 隔离开关和接地开关的 D 类检修项目

（1）绝缘子外观目测检查。

（2）维修、保养。

（3）检修人员专业检查巡视。

（4）不停电的部件更换处理工作。

（5）红外热像检测。

8. 隔离开关和接地开关瓷柱破损的状态检修和评价

(1) 瓷柱有轻微破损时，根据隔离开关和接地开关状态量评价标准其劣化程度为Ⅰ，基本扣分 2 分，权重系数为 3，所以，状态扣分值为 6 分，合计扣分小于 30 分，评价为正常状态，可进行 C 类检修。

(2) 瓷柱有较严重破损，但破损部位不影响短期运行，根据隔离开关和接地开关状态量评价标准其劣化程度为Ⅱ，基本扣分 4 分，权重系数为 3，所以，状态扣分值为 12 分，在 12～16 分区间，评价为注意状态，可进行 B 类检修。

(3) 瓷柱有严重破损或裂纹时，根据隔离开关和接地开关状态量评价标准其劣化程度为Ⅳ，基本扣分 10 分，权重系数为 3，所以，状态扣分值为 30 分，单项扣分大于等于 30 分，评价为严重状态，可进行 A 类检修。

9. 隔离开关和接地开关传动部件的状态检修和评价

(1) 分合闸不到位，存在卡涩现象时，根据隔离开关和接地开关状态量评价标准其劣化程度为Ⅲ，基本扣分 8 分，权重系数为 2，所以，状态扣分值为 16 分，单项扣分在 12～16 分区间，评价为注意状态，可进行 B 类检修。

(2) 出现裂纹、紧固件松动等现象，根据隔离开关和接地开关状态量评价标准其劣化程度为Ⅲ，基本扣分 8 分，权重系数为 2，所以，状态扣分值为 16 分，在 12～16 分区间，评价为注意状态，可进行 B 类检修。

10. 隔离开关和接地开关经红外热像检测接点温度过高的状态检修和评价

触头及设备线夹等部位温度为 90～130℃，或相对温差为 80～95%时，根据隔离开关和接地开关状态量评价标准其劣化程度为Ⅲ，基本扣分 8 分，权重系数为 4，所以，状态扣分值为 32 分，单项扣分大于等于 30 分，评价为严重状态，可进行 A 类检修。

15.7　气体绝缘金属封闭开关设备状态检修及评价

SF_6 气体绝缘金属封闭开关设备（GIS）是电力输变电工程中最重要的设备之一。SF_6 气体绝缘金属封闭开关设备是将变电站内除变压器以外的其他电气设备集成为一体，封闭于充有一定压力 SF_6 气体（绝缘介质）的金属外壳之内而形成的组合电器。GIS 的核心元件是罐式断路器；其余的组合元件，包括隔离开关、检修/故障接地开关、电流互感器、电压互感器、避雷器、套管、母线等根据变电站一次主接线和布置要求，集成金属外壳内形成 GIS 气体绝缘。由于 GIS 设备的特点，它缩短了电气距离，大大减少了设备占用的空间，同时其稳定性增强，是电力系统中可靠的设备。本节将重点介绍 GIS 设备的状态检修规程。

1. GIS 的状态监测技术

可以对 SF_6 气体进行监测，包括气体压力、泄漏、湿度、色谱分析等。还可以监测 GIS 断路器的主电流波形、触头每次开断电流值和时间。对于断路器的机械特性可以监测分、合闸线圈的电流。对于 GIS 绝缘特性，可采用 UHF 法和超声法对 GIS 内部的局部放电进行监测。

2. GIS 设备的检修分类

按照工作性质内容及工作涉及范围，将 GIS 检修工作分为四类：A 类检修、B 类检修、C 类检修、D 类检修。其中 A、B、C 类是停电检修，D 类是不停电检修。A 类检修是指 GIS 解体性检查、维修、更换和试验；B 类检修是指维持 GIS 气室密封情况下实施的局部性检修，如机构解体检查、维修、更换和试验；C 类检修是指对 GIS 常规性检查、维护和试验；D 类检修是指对 GIS 在不停电状态下的带电测试、外观检查和维修。

3. GIS 部件的状态评价方法

GIS 部件状态的评价应同时考虑单项状态量的扣分和部件合计扣分情况，部件状态评价标准见表 15-5。

表 15-5　　GIS 各部件评价标准

评价标准 / 部件	正常状态		注意状态		异常状态	严重状态
	合计扣分	单项扣分	合计扣分	单项扣分	单项扣分	单项扣分
断路器	≤30	<12	>30	12～16	20～24	≥30
隔离开关及接地开关	≤20	<12	>20	12～16	20～24	≥30
电流互感器	≤20	<12	>20	12～16	20～24	≥30
避雷器	≤20	<12	>20	12～16	20～24	≥30
电压互感器	≤20	<12	>20	12～16	20～24	≥30
套管	≤20	<12	>20	12～16	20～24	≥30
母线	≤20	<12	>20	12～16	20～24	≥30

当任一状态量单项扣分和部件合计扣分达到表 15-5 的规定时，视为正常状态。

当任一状态量单项扣分或部件所有状态量合计扣分达到表 15-5 的规定时，视为注意状态。

当任一状态量单项扣分达到表 15-5 的规定时，视为异常状态或严重状态。

4. GIS的A类检修项目

(1) 现场各部件的全面解体检修。

(2) 返厂检修。

(3) 主要部件更换：断路器、隔离开关及接地开关、电流互感器、避雷器、电压互感器、套管、母线。

(4) 相关试验。

5. GIS的B类检修项目

(1) 主要部件处理：断路器、隔离开关及（检修或快速）接地开关、电流互感器、避雷器、电压互感器、套管、母线。

(2) 其他部件局部缺陷检查处理和更换工作。

(3) 相关试验。

6. GIS的C类检修项目

(1) 按照Q/GDW 1168—2013规定进行试验。

(2) 清扫、检查、维护。

7. GIS的D类检修项目

(1) 带电测试。

(2) 维修、保养。

(3) 检修人员专业检查巡视。

(4) 其他不停电的部件更换处理工作。

8. GIS断路器SF_6压力表及密度继电器的状态检修和评价

(1) GIS断路器SF_6压力表及密度继电器外观有破损或有渗漏油时，根据GIS状态量评价标准其劣化程度为Ⅲ，基本扣分8分，权重系数为3，所以，状态扣分值为24分，单项扣分在20～24分区间，评价为异常状态，可进行B类检修。

(2) GIS断路器压力表指示异常时，根据GIS状态量评价标准其劣化程度为Ⅳ，基本扣分10分，权重系数为3，所以，状态扣分值为30分，单项扣分大于等于30分，评价为严重状态，可进行A类检修。

9. GIS隔离开关及接地开关机构传动部件的状态检修和评价

GIS隔离开关及接地开关机构传动部件脱落、有裂纹，紧固件松动等现象时，根据GIS状态量评价标准其劣化程度为Ⅳ，基本扣分10分，权重系数为4，所以，状态扣分值为40分，单项扣分大于等于30分，评价为严重状态，可进行A类检修。

10. GIS电流互感器有放电声的状态检修和评价

GIS电流互感器运行中内部出现放电声，根据GIS状态量评价标准其劣化程度为Ⅳ，基本扣分10分，权重系数为4，所以，状态扣分值为40分，单项扣分大于等于30分，评价为严重状态，可进行A类检修。

11. GIS避雷器在线检测泄漏电流表的状态检修和评价

GIS避雷器在线检测泄漏电流表运行状况出现异常，根据GIS状态量评价标准其劣化程度为Ⅰ，基本扣分2分，权重系数为1，所以，状态扣分值为2分，合计扣分小于等于20分，单项扣分小于12分，评价为正常状态，可进行C类检修。

12. GIS套管瓷套破损的状态检修和评价

(1) GIS套管瓷套有轻微破损，根据GIS状态量评价标准其劣化程度为Ⅰ，基本扣分2分，权重系数为3，所以，状态扣分值为6分，合计扣分小于等于20分，单项扣分小于12分，评价为正常状态，可进行C类检修。

(2) 瓷套有较严重破损，但破损位不影响短期运行，根据GIS状态量评价标准其劣化程度为Ⅱ，基本扣分4分，权重系数为3，所以，状态扣分值为12分，单项扣分在12～16分区间，评价为异常状态，可进行B类检修。

(3) 瓷套有严重破损或裂纹，根据GIS状态量评价标准其劣化程度为Ⅳ，基本扣分10分，权重系数为3，所以，状态扣分值为30分，单项扣分大于等于30分，评价为严重状态，可进行A类检修。

15.8 金属氧化物避雷器状态检修及评价

避雷器用来保护电力系统中各种电气设备免受雷电过电压、操作过电压、工频暂态过电压冲击而损坏。氧化锌避雷器具有良好保护性能。因为氧化锌阀片的非线性伏安特性十分优良，使得在正常工作电压下仅有几百微安的电流通过，便于设计成无间隙结构，使其具备保护性能好、质量轻、尺寸小的特征。当过电压侵入时，流过阀片的电流迅速增大，同时限制了过电压的幅值，释放了过电压的能量，此后氧化锌阀片又恢复高阻状态，使电力系统正常工作。

1. 金属氧化物避雷器的状态监测技术

对于金属氧化物避雷器可以在线监测全电流和阻性电流，通过红外检测也能够及时发现金属氧化物避雷器的过热性缺陷。

2. 金属氧化物避雷器检修分类

按工作性质内容及工作涉及范围，金属氧化物避雷器检修工作分为四类：A 类检修、B 类检修、C 类检修、D 类检修。其中 A、B、C 类是停电检修，D 类是不停电检修。A 类检修是指金属氧化物避雷器整体（整节）的更换和返厂检修、修后试验；B 类检修是指金属氧化物避雷器外部部件的维修、更换和试验；C 类检修是对金属氧化物避雷器常规性检查、维修和试验；D 类检修是对金属氧化物避雷器在不停电状态下进行的带电测试、外观检查和维修。

3. 金属氧化物避雷器的状态评价方法

金属氧化物避雷器评价状态按扣分的大小分为正常状态、注意状态、异常状态和严重状态，扣分值与状态的关系见表 15-6。

表 15-6　　金属氧化物避雷器总体评价标准

评价标准 部件	正常状态		注意状态		异常状态	严重状态
	合计扣分	单项扣分	合计扣分	单项扣分	单项扣分	单项扣分
避雷器本体	≤30	＜12	＞30	12～16	20～24	≥30

当任一状态量的单项扣分和合计扣分同时达到表 15-6 的规定时，视为正常状态。

当任一状态量的单项扣分或合计扣分达到表 15-6 的规定时，视为注意状态。

当任一状态量的单项扣分达到表 15-6 的规定时，视为异常状态或严重状态。

4. 金属氧化物避雷器的 A 类检修项目

（1）整体（整节）更换。

（2）返厂检修。

（3）相关试验。

5. 金属氧化物避雷器的 B 类检修项目

（1）均压环、底座、计数器泄漏电流表检修或更换。

（2）相关试验。

6. 金属氧化物避雷器的 C 类检修项目

（1）按 Q/GDW 1168—2013 规定进行例行试。

（2）清扫、检查、维护。

7. 金属氧化物避雷器的 D 类检修项目

（1）外观检查。

（2）检修人员专业巡视。

（3）带电检测。

8. 金属氧化物避雷器在线监测泄漏电流表指示值异常的状态检修和评价

(1) 金属氧化物避雷器在线监测泄漏电流表指示值纵横比增大20%，根据金属氧化物避雷器状态量评价标准其劣化程度为Ⅱ，基本扣分4分，权重系数为3，所以，状态扣分值为12分，单项扣分在12～16分区间，评价为注意状态，可进行C类检修。

(2) 金属氧化物避雷器在线监测泄漏电流表指示值纵横比增大40%，根据金属氧化物避雷器状态量评价标准其劣化程度为Ⅲ，基本扣分8分，权重系数为3，所以，状态扣分值为24分，单项扣分在20～24分区间，评价为异常状态，可进行B类检修。

(3) 金属氧化物避雷器在线监测泄漏电流表指示值纵横比增大100%，根据金属氧化物避雷器状态量评价标准其劣化程度为Ⅳ，基本扣分10分，权重系数为3，所以，状态扣分值为30分，单项扣分大于等于30分，评价为严重状态，可进行A类检修。

9. 金属氧化物避雷器本体外绝缘表面的状态检修和评价

(1) 金属氧化物避雷器本体外绝缘表面硅橡胶憎水性能异常，根据金属氧化物避雷器状态量评价标准其劣化程度为Ⅰ，基本扣分2分，权重系数为2，所以，状态扣分值为4分，合计扣分小于等于30分，单项扣分小于12分，评价为正常状态，可进行C类检修。

(2) 外绝缘破损，根据金属氧化物避雷器状态量评价标准其劣化程度为Ⅱ，基本扣分4分，权重系数为2，所以，状态扣分值为8分，合计扣分小于等于30分，单项扣分小于12分，评价为正常状态，可进行C类检修。

15.9 12(7.2)～40.5kV交流金属封闭开关设备状态检修及评价

交流金属封闭开关设备即高压开关柜，是用于电力系统的电气柜设备。高压开关柜的作用是在电力系统进行发电、输电、配电和电能转换的过程中，进行开合、控制和保护。高压开关柜内的部件主要有高压断路器、高压隔离开关、高压负荷开关、高压操作机构等。高压开关柜的分类很多，型号和厂家众多，而开关柜内的设备也十分重要，关系到供电可靠性。因此在高压开关柜的状态检修评价中，有些方面要十分的详细，并且要对里面的具体元件进行具体评价。

1. 开关柜元件的划分

根据开关柜各元件的独立性，将开关柜分为柜体、断路器、隔离开关（隔离手车）、接地开关、电流互感器、避雷器、站用变压器和电压互感器等 8 个元件。

2. 开关柜元件的状态评价方法

开关柜元件的评价应同时考虑单项状态量的扣分和元件合计扣分情况，元件状态评价标准见表 15-7。

表 15-7　开关柜各元件评价标准

元件＼评价	正常状态		注意状态		异常状态	严重状态
	合计扣分	单项扣分	合计扣分	单项扣分	单项扣分	单项扣分
柜体	≤30	≤10	＞30	12～20	＞20～24	＞30
断路器	≤30	≤10	＞30	12～20	＞20～24	＞30
隔离开关（隔离手车）	≤30	≤10	＞30	12～20	＞20～24	＞30
接地开关	≤30	≤10	＞30	12～20	＞20～24	＞30
电流互感器	≤30	≤10	＞30	12～20	＞20～24	＞30
避雷器	≤30	≤10	＞30	12～20	＞20～24	＞30
站用变压器	≤30	≤10	＞30	12～20	＞20～24	＞30
电压互感器	≤30	≤10	＞30	12～20	＞20～24	＞30

当任一状态量单项扣分和元件合计扣分达到表 15-7 的规定时，视为正常状态。

当任一状态量单项扣分或元件所有状态量合计扣分达到表 15-7 的规定时，视为注意状态。

当任一状态量单项扣分达到表 15-7 的规定时，视为异常状态或严重状态。

3. 开关柜整体状态评价的方法

开关柜整体评价应综合其元件的评价结果。当所有元件评价为正常状态时，整体评价为正常状态；当任一元件状态为注意状态、异常状态或严重状态时，整体评价应为其中最严重的状态。

4. 开关柜的 A 类检修项目

开关柜现场全面解体检修。

5. 开关柜的 B 类检修项目

（1）开关柜元件的更换和检修。

（2）断路器。

(3) 电流互感器和电压互感器。

(4) 绝缘子（套管）。

(5) 母线或分支导体。

(6) 避雷器。

(7) 隔离开关（触头）。

(8) 站用变压器。

(9) 二次元件。

(10) 其他。

6. 开关柜的C类检修项目

(1) 例行试验。

(2) 清扫、维护和检查：检查电压抽取（带电显示）装置、检查主回路、检查辅助及控制回路、检查断路器本体和机构、检查隔离开关及隔离插头、检查电流互感器、检查电压互感器、检查避雷器、检查电缆及连接、检查联锁性能、更换零部件。

7. 开关柜的D类检修项目

(1) 检修人员专业巡视。

(2) 带电检测。

8. 开关柜分合闸位置指示不正确的状态检修和评价

开关柜带分合闸位置指示不能正常显示，根据开关柜状态量评价标准其劣化程度为Ⅲ，基本扣分8分，权重系数为2，所以，状态扣分值为16分，单项扣分在12～20分区间，评价为注意状态，可进行C类检修。

9. 开关柜带电显示装置显示不正确的状态检修和评价

开关柜带电显示装置不能正常显示，根据开关柜状态量评价标准其劣化程度为Ⅲ，基本扣分8分，权重系数为3，所以，状态扣分值为24分，单项扣分在大于20～24分的区间，评价为异常状态，可进行B类检修。

10. 开关柜电流表、电压表等表计指示不正确的状态检修和评价

开关柜电流表、电压表等表计指示不正确，根据开关柜状态量评价标准其劣化程度为Ⅱ，基本扣分4分，权重系数为2，所以，状态扣分值为8分，合计扣分小于等于30分，单项扣分小于等于10分，评价为正常状态，可进行C类检修。

11. 开关柜SF_6压力表或密度继电器异常的状态检修和评价

(1) 开关柜SF_6压力表或密度继电器外观有破损或有渗漏油，根据开关柜

状态量评价标准其劣化程度为Ⅲ，基本扣分 8 分，权重系数为 3，所以，状态扣分值为 24 分，单项扣分在大于 20～24 分的区间，评价为异常状态，可进行 B 类检修。

（2）开关柜压力表指示异常，根据开关柜状态量评价标准其劣化程度为Ⅳ，基本扣分 10 分，权重系数为 3，所以，状态扣分值为 30 分，单项扣分大于 30 分，评价为严重状态，可进行 A 类检修。

15.10　电流互感器状态检修及评价

电流互感器是一种特殊的变压器，它的工作原理与变压器相似。电流互感器将一次系统的大电流变换成二次系统的小电流，分别向测量仪表、继电器和电流线圈供电，用以反映电气设备的运行参数。电流互感器在计量和保护中十分重要，电流互感器出现故障时，无法对设备进行准确的监控，因此电流互感器的运行状态也十分的关键。

1. 电流互感器的检修分类

电流互感器检修分为四类，分别为 A 类、B 类、C 类、D 类。其中 A 类、B 类、C 类是停电检修，D 类是不停电检修。A 类检修是指电流互感器的整体返厂解体检查和更换；B 类检修是指电流互感器局部性的检修，部件的解体检查、维修、更换、试验及漏油（气）处理；C 类检修是指对电流互感器常规性检查、维护和试验；D 类检修是指对电流互感器在不停电状态下的带电测试、外观检查和维修。

2. 电流互感器的状态评价方法

根据设备评价结果，设备状态分为正常状态、注意状态、异常状态和严重状态，扣分值与状态的关系见表 15-8。

表 15-8　电流互感器评价标准

评价标准 / 设备	正常状态		注意状态		异常状态	严重状态
	合计扣分	单项扣分	合计扣分	单项扣分	单项扣分	单项扣分
电流互感器	≤30	＜12	＞30	12～16	20～24	≥30

当任一状态量的单项扣分和合计扣分同时达到表 15-8 的规定时，视为正常状态。

当任一状态量的单项扣分或合计扣分达到表 15-8 的规定时，视为注意状态。

当任一状态量的单项扣分达到表 15-8 的规定时，视为异常状态或严重状态。

3. 电流互感器的A类检修项目

(1) 本体内部部件的检查、维修。

(2) 返厂检修。

(3) 整体更换。

(4) 相关试验。

4. 电流互感器的B类检修项目

(1) 主要部件处理：套管、金属膨胀器、储油柜、气体压力表（SF_6互感器）、二次接线板、压力释放阀、其他。

(2) 现场干燥处理、滤油等。

(3) 其他部件局部缺陷检查处理和更换工作。

(4) 相关试验。

5. 电流互感器的C类检修项目

(1) 按照Q/GDW 1168—2013规定进行例行试验。

(2) 清扫、检查、维护。

6. 电流互感器的D类检修项目

(1) 带电测试。

(2) 维护处理。

(3) 检修人员专业检查巡视。

(4) 其他不停电的部件更换处理工作。

7. 电流互感器密封不良的状态检修和评价

(1) 油浸式电流互感器渗油，根据电流互感器状态量评价标准其劣化程度为Ⅰ，基本扣分2分，权重系数为3，所以，状态扣分值为6分，合计扣分小于等于30分，单项扣分小于12分，评价为正常状态，可进行C类检修。

(2) 油浸式电流互感器漏油，根据电流互感器状态量评价标准其劣化程度为Ⅱ，基本扣分4分，权重系数为3，所以，状态扣分值为12分，单项扣分在12～16分区间，评价为注意状态，可进行B类检修。

(3) 电流互感器SF_6气体年漏气率大于1%，据电流互感器状态量评价标准其劣化程度为Ⅲ，基本扣分8分，权重系数为3，所以，状态扣分值为24分，单项扣分在20～24分区间，评价为异常状态，可进行A类检修。

8. 电流互感器异常声响的状态检修和评价

电流互感器内部有放电等异常声响，根据电流互感器状态量评价标准其劣化程度为Ⅲ，基本扣分8分，权重系数为3，所以状态扣分值为24分，单项扣分在 20～24 分区间，评价为异常状态，可进行 A 类检修。

9. 电流互感器油位异常的状态检修和评价

电流互感器油位不正常，根据电流互感器状态量评价标准其劣化程度为Ⅱ，基本扣分 4 分，权重系数为 3，所以，状态扣分值为 12 分，单项扣分在 12～16 分区间，评价为注意状态，可进行 B 类检修。

10. 电流互感器膨胀器、底座、二次接线盒锈蚀的状态检修和评价

电流互感器膨胀器、底座、二次接线盒锈蚀，根据电流互感器状态量评价标准其劣化程度为Ⅱ，基本扣分 4 分，权重系数为 1，所以，状态扣分值为 4 分，合计扣分小于等于 30 分，单项扣分小于 12 分，评价为正常状态，可进行 C 类检修。

15.11 电容式电压互感器、耦合电容器状态检修及评价

一次设备的高电压不容易直接测量，电压互感器可将一次侧高压转换成二次侧较低的电压，再连接到仪表或继电器中。电压互感器的原理也和变压器相似，电压互感器的工作状态相当于变压器的空载状态。电压互感器按原理分为电磁式电压互感器和电容式电压互感器。相对于电磁式电压互感器，电容式电压互感器的结构简单，维护起来更为方便，其绝缘强度也大大提高。在状态检修评价中，两种电压互感器分开来进行评价。本节主要介绍电容式电压互感器。

1. 电容式电压互感器、耦合电容器检修分类

按照工作性质内容及工作涉及范围，将电容式电压互感器、耦合电容器检修工作分为四类：A 类检修、B 类检修、C 类检修、D 类检修。其中 A、B、C 类是停电检修，D 类是不停电检修。

A 类检修是指电容式电压互感器、耦合电容器的整体返厂解体检查和更换；B 类检修是指电容式电压互感器、耦合电容器局部性的检修，部件的解体检查、维修、更换验；C 类检修是指对电容式电压互感器、耦合电容器常规性检查、维护和试验；D 类检修是指对电容式电压互感器、耦合电容器在不停电状态下的带电测试、外观检查和维修。

2. 电容式电压互感器、耦合电容器的状态评价方法

（1）电容式电压互感器、耦合电容器以相为单位进行状态评价。

（2）根据设备评价结果，设备状态分为正常状态、注意状态、异常状态和

严重状态，扣分值与状态的关系见表 15-9。

当任一状态量的单项扣分和合计扣分同时达到表 15-9 的规定时，视为正常状态。

当任一状态量的单项扣分或合计扣分达到表 15-9 的规定时，视为注意状态。

当任一状态量的单项扣分达到表 15-9 的规定时，视为异常状态或严重状态。

表 15-9　　电容式电压互感器、耦合电容器评价标准

评价标准 设备	正常状态		注意状态		异常状态	严重状态
	合计扣分	单项扣分	合计扣分	单项扣分	单项扣分	单项扣分
电容式电压互感器、耦合电容器	≤30	＜12	＞30	12～16	20～24	≥30

3. 电容式电压互感器、耦合电容器的 A 类检修项目

（1）本体内部部件的检查、维修。

（2）返厂检修。

（3）整体更换。

（4）相关试验。

4. 电容式电压互感器、耦合电容器的 B 类检修项目

（1）主要部件处理：套管、金属膨胀器、储油柜、分压电容器、电磁单元、压力释放阀、其他。

（2）现场干燥处理、滤油等。

（3）其他部件局部缺陷检查处理和更换工作。

（4）相关试验。

5. 电容式电压互感器、耦合电容器的 C 类检修项目

（1）按照 Q/GDW 1168—2013 规定进行试验。

（2）清扫、检查和维护。

6. 电容式电压互感器、耦合电容器的 D 类检修项目

（1）带电测试。

（2）维护处理。

（3）检修人员专业检查巡视。

（4）其他不停电的部件更换处理工作。

7. 电容式电压互感器、耦合电容器有异常声响的状态检修和评价

电容式电压互感器、耦合电容器内部有放电等异常声响时，根据电容式电压互感器、耦合电容器状态量评价标准其劣化程度为Ⅰ，基本扣分 2 分，权重

系数为 2，所以，状态扣分值为 4 分，合计扣分小于等于 30 分，单项扣分小于 12 分，评价为正常状态，可进行 C 类检修。

8. 电容式电压互感器、耦合电容器密封不好的状态检修和评价

（1）电容器渗油时，根据电容式电压互感器、耦合电容器状态量评价标准其劣化程度为Ⅲ，基本扣分 8 分，权重系数为 3，所以，状态扣分值为 24 分，单项扣分在 20～24 分区间，评价为异常状态，可进行 B 类检修。

（2）电容器漏油时，根据电容式电压互感器、耦合电容器状态量评价标准其劣化程度为Ⅳ，基本扣分 10 分，权重系数为 3，所以，状态扣分值为 30 分，单项扣分大于等于 30 分，评价为严重状态，可进行 A 类检修。

（3）中间变压器渗油时，根据电容式电压互感器、耦合电容器状态量评价标准其劣化程度为Ⅰ，基本扣分 2 分，权重系数为 3，所以，状态扣分值为 6 分，合计扣分小于等于 30 分，单项扣分小于 12 分，评价为正常状态，可进行 C 类检修。

15.12　电磁式电压互感器状态检修及评价

电磁式电压互感器在运行中，由于非线性电感和断路器的断口之间容易发生铁磁谐振，容易发生爆炸，运行不稳定，因此现在多采用电容式电压互感器。但还有部分电磁式电压互感器在运行中，本节介绍电磁式电压互感器的状态检修评价。

1. 电磁式电压互感器检修分类

按照工作性质内容及工作涉及范围，将电磁式电压互感器检修工作分为四类：A 类检修、B 类检修、C 类检修、D 类检修。其中 A、B、C 类是停电检修，D 类是不停电检修。A 类检修是指电磁式电压互感器的整体返厂解体检查和更换；B 类检修是指电磁式电压互感器局部性的检修，部件的解体检查、维修、更换和试验；C 类检修是指对电磁式电压互感器常规性检查、维护和试验；D 类检修是指对电磁式电压互感器在不停电状态下的带点测试、外观检查和维修。

2. 电磁式电压互感器的状态评价

电磁式电压互感器以相为单位进行状态评价。

电磁式电压互感器的状态评价方法：根据设备评价结果，设备状态分为正常状态、注意状态、异常状态和严重状态，扣分值与状态的关系见表 15-10。

当任一状态量的单项扣分和合计扣分同时达到表 15-10 的规定时，视为正常状态。

当任一状态量的单项扣分或合计扣分达到表 15-10 的规定时，视为注意状态。

当任一状态量的单项扣分达到表 15-10 的规定时，视为异常状态或严重状态。

表 15-10　　电磁式电压互感器评价标准

评价标准 设备	正常状态		注意状态		异常状态	严重状态
	合计扣分	单项扣分	合计扣分	单项扣分	单项扣分	单项扣分
电磁式电压互感器	≤30	<12	>30	12～16	20～24	≥30

3. 电磁式电压互感器的 A 类检修项目

（1）本体内部部件的检查、维修。

（2）返厂检修。

（3）整体更换。

（4）相关试验。

4. 电磁式电压互感器的 B 类检修项目

（1）主要部件处理：套管、金属膨胀器、储油柜、压力释放阀、其他。

（2）现场干燥处理、滤油等。

（3）其他部件局部缺陷检查处理和更换工作。

（4）相关试验。

5. 电磁式电压互感器的 C 类检修项目

（1）按照 Q/GDW 1168—2013 规定进行试验。

（2）清扫、检查和维护。

6. 电磁式电压互感器的 D 类检修项目

（1）带电测试。

（2）维护处理。

（3）检修人员专业检查巡视。

（4）其他不停电的部件更换处理工作。

7. 电磁式电压互感器有异常声响的状态检修和评价

电磁式电压互感器内部有放电等异常声响时，根据电磁式电压互感器状态量评价标准其劣化程度为Ⅲ，基本扣分 8 分，权重系数为 3，所以，状态扣分值为 24 分，单项扣分在 20～24 分区间，评价为异常状态，可进行 B 类检修。

8. 电磁式电压互感器 SF_6 气体压力异常的状态检修和评价

（1）电磁式电压互感器 SF_6 气体压力低报警，根据电磁式电压互感器状态量评价标准其劣化程度为Ⅲ，基本扣分 8 分，权重系数为 4，所以，状态扣分值为 32 分，单项扣分大于等于 30 分，评价为严重状态，可进行 A 类检修。

（2）电磁式电压互感器 SF_6 气体压力异常，根据电磁式电压互感器状态量评价标准其劣化程度为Ⅱ，基本扣分 4 分，权重系数为 4，所以，状态扣分值为 16 分，单项扣分在 12～16 分区间，评价为注意状态，可进行 C 类检修。

15.13　干式并联电抗器状态检修及评价

在超高压电网中，不仅额定电压比高压电网高，线路也较长，产生很大的充电功率，会使线路的末端电压升高，因此要在适当的位置安装电抗器，使电压均匀分布。本节对干式并联电抗器的状态检修相关内容进行介绍。

1. 干式并联电抗器状态检修分类

干式并联电抗器检修分为四类，分别为 A 类、B 类、C 类、D 类。实践中，凡需要检修人员涉及本体更换的检修工作，一般应确定为 A 类检修；根据评价结果进行缺陷处理，处理时无需涉及更换的本体检修工作为 B 类检修；例行的设备维护工作为 C 类检修；不停电进行的设备部件更换、检查等检修工作，一般定位 D 类检修。

2. 干式并联电抗器的状态分类及具体区分

干式并联电抗器的状态分为正常状态、注意状态、异常状态和严重状态。

正常状态：干式并联电抗器各状态量处于稳定且在规程规定的警示值、注意值（以下简称标准限值）以内，可以正常运行。

注意状态：单项（或多项）状态量变化趋势朝接近标准限值方向发展，但未超过标准限值，仍可以继续运行，应加强运行中的监视。

异常状态：单项重要状态量变化较大，已接近或略微超过标准限值，应监视运行，并适时安排停电检修。

严重状态：单项重要状态量严重超过标准限值，需要尽快安排停电检修。

3. 干式并联电抗器的状态评价分类

干式并联电抗器的状态评价分为部件评价和整体评价两部分。

4. 干式并联电抗器部件分类及各部件状态评价方法

（1）干式并联电抗器部件分为电抗器本体和其他配套辅件两个部件。

（2）干式并联电抗器部件的评价应同时考虑单项状态量的扣分和部件合计扣分情况，部件状态评价标准见15-11。

当任一状态量单项扣分和部件合计扣分同时达到表15-11的规定时，视为正常状态。

当任一状态量单项扣分或部件所有状态量合计扣分达到表15-11的规定时，视为注意状态。

当任一状态量单项扣分达到表15-11的规定时，视为异常状态或严重状态。

表15-11　　干式并联电抗器各部件评价标准

设备 \ 评价标准	正常状态		注意状态		异常状态	严重状态
	合计扣分	单项扣分	合计扣分	单项扣分	单项扣分	单项扣分
并联电抗器本体	≤30	≤10	＞30	12～16	20～24	≥30
其他配套辅件	≤30	≤10	＞30	12～16	20～24	≥30

5. 干式并联电抗器的整体评价方法

干式并联电抗器的整体评价应综合其部件的评价结果。当所有部件评价为正常状态时，整体评价为正常状态；当任一部件状态为注意状态、异常状态或严重状态时，整体评价应为其中最严重的状态。

6. 干式并联电抗器的A类检修项目

（1）返厂检修。

（2）整体更换。

7. 干式并联电抗器的B类检修项目

（1）主要部件更换：电抗器本体、支柱绝缘子、防护罩或防雨隔栅、其他部分。

（2）主要部件处理：电抗器本体、支柱绝缘子、防护罩或防雨隔栅、汇流排及连接引线、隔离栅栏、防污处理、其他部分。

（3）停电时的其他部件或缺陷检查、处理、更换工作。

（4）相关试验：外观检查、直流电阻试验、绝缘电阻试验、铁芯绝缘电阻试验（干式铁芯电抗器）、电抗值测量、支柱绝缘子探伤试验、其他试验。

8. 干式并联电抗器的C类检修项目

（1）按试验规程规定进行例行试验。

（2）清扫、维护、检查、维修。

9. 干式并联电抗器的D类检修项目

（1）带电测试。

（2）维护处理。

（3）专业巡视。

10. 干式并联电抗器表面有破损现象的状态检修和评价

（1）干式并联电抗器表面有轻微破损、脱落或轻微龟裂时，根据干式并联电抗器状态量评价标准其劣化程度为Ⅱ，基本扣分 4 分，权重系数为 4，所以，状态扣分值为 16 分，单项扣分在 12～16 分区间，评价为注意状态，可进行 B 类检修。

（2）干式并联电抗器表面破损、脱落严重或严重龟裂，放电痕迹或憎水性能下降严重，根据干式并联电抗器状态量评价标准其劣化程度为Ⅲ，基本扣分 8 分，权重系数为 4，所以，状态扣分值为 32 分，单项扣分大于等于 30 分，评价为严重状态，可进行 A 类检修。

11. 干式并联电抗器表面红外热像检测异常的状态检修和评价

干式并联电抗器电缆接头连接点等整体或局部出现异常高的温升时，根据电磁式电压互感器状态量评价标准其劣化程度为Ⅲ，基本扣分 8 分，权重系数为 3，所以，状态扣分值为 24 分，单项扣分在 20～24 分区间，评价为异常状态，可进行 B 类检修。

15.14　并联电容器装置（集合式电容器装置）状态检修及评价

并联电容器主要用来补偿电力系统中的无功功率，进而调整了无功因素，改善了电网电压，提高了供电能力。电力系统中的电压和无功功率都是随时变化的，为了提高电压的稳定性，要进行必要的补偿，保证电压维持在合格的范围内。通过在系统中装设并联电抗器，可达到此目的。本节针对并联电容器的状态检修评价内容，进行相应介绍。

1. 并联电容器装置（集合式电容器装置）状态检修分类

并联电容器装置（集合式电容器装置）检修分为四类，分别为 A 类、B 类、C 类、D 类。其中 A 类、B 类、C 类是停电检修，D 类是不停电检修。检修类别的分类原则主要根据被检设备工况（是否需要停电）、检修工作涉及范围以及检修内容确定。实践中，凡需要检修人员涉及并联电容器装置（集合式电容器装置）更换的检修工作，一般应确定为 A 类检修；根据评价结果进行缺陷处理，处理时无需涉及更换的检修工作为 B 类检修；例行的设备维护工作为C类检修；不停电进行的设备部件更换、检查等检修工作，一般定位D类检修。

2. 并联电容器装置（集合式电容器装置）检修状态分类及区分

状态是指对设备当前各种技术性能进行综合评价结果的体现。设备状态分为正常状态、注意状态、异常状态和严重状态四种类型。

正常状态：表示设备各状态量处于稳定且在规程规定的警示值、注意值（以下简称标准限值）以内，可以正常运行。

注意状态：设备的单项（或多项）状态量变化趋势朝接近标准限值方向发展，但未超过标准限值，仍可以继续运行，应加强运行中的监视。

异常状态：单项重要状态量变化较大，已接近或略微超过标准限值，应监视运行，并适时安排停电检修。

严重状态：单项重要状态量严重超过标准限值，需要尽快安排停电检修。

3. 并联电容器装置（集合式电容器装置）部件分类

并联电容器装置（集合式电容器装置）部件分为单台电容器（集合式电容器）、串联电抗器和其他配套辅件等三个部件。

4. 并联电容器装置（集合式电容器装置）部件状态评价方法

（1）并联电容器装置（集合式电容器装置）的状态评价以组为单位，分为部件评价和整体评价两部分。

（2）并联电容器装置（集合式电容器装置）部件的评价应同时考虑单项状态量的扣分和部件合计扣分情况，部件状态评价标准见表15-12。

当任一状态量单项扣分和部件合计扣分同时达到表15-12的规定时，视为正常状态。

当任一状态量单项扣分或部件合计扣分同时达到表15-12的规定时，视为注意状态。

当任一状态量单项扣分达到表15-12的规定时，视为异常状态或严重状态。

表15-12　并联电容器装置（集合式电容器装置）各部件评价标准

评价标准 / 部件	正常状态		注意状态		异常状态	严重状态
	合计扣分	单项扣分	合计扣分	单项扣分	单项扣分	单项扣分
单台电容器	≤30	<12	>30	12～16	20～24	≥30
串联电抗器	≤30	<12	>30	12～16	20～24	≥30
其他配套辅件	≤30	<12	>30	12～16	20～24	≥30

5. 并联电容器装置（集合式电容器装置）整体状态评价方法

并联电容器装置（集合式电容器装置）的状态评价以组为单位，分为部件评价和整体评价两部分。并联电容器装置（集合式电容器装置）的整体评价应综合其部件的评价结果。当所有部件评价为正常状态时，整体评价为正常状态；当任一部件为注意状态、异常状态或严重状态时，整体评价应为其中最严重的状态。

6. 并联电容器装置（集合式电容器装置）的 A 类检修项目

（1）返厂检修。

（2）整体检查、改造、更换、维修。

（3）现场全面解体检修。

（4）相关试验。

7. 并联电容器装置（集合式电容器装置）的 B 类检修项目

（1）装置主要部件更换：串联电抗器、单台电容器、放电线圈、保护用电流互感器、避雷器、熔断器、支柱绝缘子、其他。

（2）装置主要部件处理：串联电抗器、单台电容器、放电线圈、保护用电流互感器、避雷器、熔断器、支柱绝缘子、汇流排及连接引线、其他。

（3）停电时的其他部件或缺陷检查、处理、更换工作。

（4）相关试验。

8. 并联电容器装置（集合式电容器装置）的 C 类检修项目

（1）按试验规程规定进行试验。

（2）清扫、检查、维修（维护）。

（3）检查项目：外观检查、绝缘性能检查、电容量检查、电抗器绕组电阻检查、放电线圈绕组电阻检查、放电线圈变比误差检查、配套设备检查、其他。

9. 并联电容器装置（集合式电容器装置）的 D 类检修项目

（1）检修人员专业巡检。

（2）带电检测（红外热像、噪声等检测）。

（3）防锈补漆工作（带电距离足够的情况下）。

（4）其他不停电的处理工作。

10. 并联电容器装置（集合式电容器装置）本体渗漏油的状态检修和评价

并联电容器装置（集合式电容器装置）有轻微油迹，但未形成油滴时，根据并联电容器装置（集合式电容器装置）状态量评价标准其劣化程度为Ⅱ，基本扣分 4 分，权重系数为 2，所以，状态扣分值为 8 分，合计扣分小于等于 30

分，单项扣分小于12分，评价为正常状态，可进行A类检修。

11. 并联电容器装置（集合式电容器装置）绝缘子破损的状态检修和评价

(1) 并联电容器装置（集合式电容器装置）绝缘子表面有轻微缺损，根据并联电容器装置（集合式电容器装置）状态量评价标准其劣化程度为Ⅱ，基本扣分4分，权重系数为3，所以，状态扣分值为12分，单项扣分在12～16分区间，评价为注意状态，可进行C类检修。

(2) 并联电容器装置（集合式电容器装置）绝缘子表面有严重缺损、裂纹或放电痕迹，根据并联电容器装置（集合式电容器装置）状态量评价标准其劣化程度为Ⅳ，基本扣分10分，权重系数为4，所以，状态扣分值为40分，单项扣分大于等于30分，评价为严重状态，可进行A类检修。

15.15 消弧线圈装置状态检修及评价

消弧线圈是用于小电流接地系统的一种补偿装置。当系统发生单相接地故障时，消弧线圈产生感性电流补偿接地电容电流，使通过接地点的电流低于产生间歇电弧或维持稳定的电弧所需要的电流值，起到消除接地点电弧的作用。因此在接地电流超过10A的20kV以上的系统中，要安装消弧线圈，消除电弧的同时，也可以消除瞬间的单相接地故障。

1. 消弧线圈装置状态检修分类

按工作性质内容及工作涉及范围，消弧线圈装置检修工作分为四类：A类检修、B类检修、C类检修、D类检修。其中A、B、C类是停电检修，D类是不停电检修。A类检修是指消弧线圈装置本体的整体性检查、维修、更换和试验；B类检修是指消弧线圈装置局部性的检修，部件的解体检查、维修、更换和试验；C类检修是对消弧线圈装置常规性检查、维修和试验；D类检修是对消弧线圈装置在不停电状态下进行的带电测试、检查和维修。

2. 消弧线圈装置的状态分类及区分

消弧线圈装置的状态分为：正常状态、注意状态、异常状态和严重状态。

正常状态：表示消弧线圈装置各状态量处于稳定且在规程规定的警示值、注意值（以下简称标准限值）以内，可以正常运行；

注意状态：单项（或多项）状态量变化趋势朝接近标准限值方向发展，但未超过标准限值，仍可以继续运行，应加强运行中的监视。

异常状态：单项重要状态量变化较大，已接近或略微超过标准限值，应监视运行，并适时安排停电检修。

严重状态：单项重要状态量严重超过标准限值，需要尽快安排停电检修。

3. 消弧线圈装置部件的划分

消弧线圈装置部件分为消弧线圈、接地变压器、控制器、其他辅助部分等四个部件。

4. 消弧线圈装置部件评价方法

消弧线圈装置的状态评价分为部件评价和整体评价两部分。

消弧线圈装置部件的评价应同时考虑单项状态量的扣分和部件合计扣分情况，部件状态评价标准见表 15-13。

当任一状态量单项扣分和部件合计扣分同时达到表 15-13 的规定时，视为正常状态。

当任一状态量单项扣分或部件所有状态量合计扣分达到表 15-13 的规定时，视为注意状态。

当任一状态量单项扣分达到表 15-13 的规定时，视为异常状态或严重状态。

表 15-13　　消弧线圈各部件评价标准

评价标准 / 部件	正常状态		注意状态		异常状态	严重状态
	合计扣分	单项扣分	合计扣分	单项扣分	单项扣分	单项扣分
消弧线圈本体	≤30	≤10	＞30	12～16	20～24	≥30
接地变压器	≤20	≤10	＞20	12～16	20～24	≥30
控制器	≤12	≤10	＞20	12～16	20～24	≥30
其他辅助部分	≤12	≤10	＞20	12～16	20～24	≥30

5. 消弧线圈装置整体状态评价方法

消弧线圈装置的状态评价分为部件评价和整体评价两部分。消弧线圈装置的整体评价应综合其部件的评价结果。当所有部件评价为正常状态时，整体评价为正常状态；当任一部件状态为注意状态、异常状态或严重状态时，整体评价应为其中最严重的状态。

6. 消弧线圈的 A 类检修项目

（1）现场全面解体检修。

（2）返厂检修。

（3）整体更换。

7. 消弧线圈的 B 类检修项目

（1）主要部件更换：消弧线圈、接地变压器、控制器、其他辅助部分。

（2）主要部件更换：消弧线圈（包括散热装置、绝缘油、分接开关、气体继电器、压力释放装置、套管、油箱、其他），接地变压器（包括散热装置、绝缘油、分接开关、气体继电器、压力释放装置、套管、油箱、其他），控制器，其他辅助部分（包括阻尼电阻器、晶闸管、电容器、避雷器、隔离开关、支柱绝缘子、接地、厢体、其他）。

（3）停电时的其他部件或局部缺陷检查、处理、更换工作。

（4）相关试验。

8. 消弧线圈的C类检修项目

（1）按有关规程、规定进行例行试验。

（2）清扫、维护、检查、维修。

9. 消弧线圈的D类检修项目

（1）专业巡视。

（2）不停电的部件更换或维修。

（3）带电测试。

10. 消弧线圈本体渗漏油的状态检修和评价

（1）消弧线圈本体有轻微渗漏油，不快于每滴5s，根据消弧线圈状态量评价标准其劣化程度为Ⅱ，基本扣分4分，权重系数为3，所以，状态扣分值为12分，单项扣分在12～16分区间，评价为注意状态，可进行C类检修。

（2）消弧线圈本体漏油严重，油滴速度较快（快于每滴5s）或形成油流，根据消弧线圈状态量评价标准其劣化程度为Ⅳ，基本扣分10分，权重系数为3，所以，状态扣分值为30分，单项扣分大于等于30分，评价为严重状态，可进行A类检修。

11. 消弧线圈呼吸器的状态检修和评价

（1）消弧线圈呼吸器油封异常、呼吸不畅，硅胶受潮变色部分超过总量的2/3或自上而下变色，根据消弧线圈状态量评价标准其劣化程度为Ⅱ，基本扣分4分，权重系数为3，所以，状态扣分值为12分，单项扣分在12～16分区间，评价为注意状态，可进行C类检修。

（2）消弧线圈呼吸器无呼吸，根据消弧线圈状态量评价标准其劣化程度为Ⅳ，基本扣分10分，权重系数为3，所以，状态扣分值为30分，单项扣分大于等于30分，评价为严重状态，可进行A类检修。

12. 消弧线圈气体继电器的状态检修和评价

（1）消弧线圈（轻瓦斯）发信，但色谱分析无异常，根据消弧线圈状态量评价标准其劣化程度为Ⅱ，基本扣分 4 分，权重系数为 4，所以，状态扣分值为 12 分，单项扣分在 12～16 分区间，评价为注意状态，可进行 C 类检修。

（2）消弧线圈（轻瓦斯）发信，但色谱异常或重瓦斯动作，根据消弧线圈状态量评价标准其劣化程度为Ⅳ，基本扣分 10 分，权重系数为 4，所以，状态扣分值为 40 分，单项扣分大于等于 30 分，评价为严重状态，可进行 A 类检修。

15.16　110（66）kV 及以上电压等级交直流穿墙套管状态检修及评价

穿墙套管在变电站中的作用十分重要，关系到线缆的安全，其防水、防火等基本性能要达到相应的标准，才能确保运行安全。

1. 110（66）kV 及以上电压等级交直流穿墙套管状态检修分类

按工作性质内容及工作涉及范围，将穿墙套管的检修工作分为四类：A 类检修、B 类检修、C 类检修、D 类检修。其中 A、B、C 类为停电检修，D 类为不停电检修。A 类检修是指穿墙套管返厂检修、整体更换，以及现场涉及主体内部元件的检修和试验；B 类检修是指穿墙套管的局部检修，部件的解体检查、维修、更换和试验；C 类检修是指对穿墙套管的常规性检查、维护和试验；D 类检修是指对穿墙套管在不停电状态下进行的带电测试、外观检查和维修。

2. 110（66）kV 及以上电压等级交直流穿墙套管状态分类

设备的状态分为：正常状态、注意状态、异常状态和严重状态。

正常状态：设备各状态量处于稳定且在规程规定的警示值、注意值（以下简称标准限值）以内，可以正常运行。

注意状态：单项（或多项）状态量变化趋势朝接近标准限值方向发展，但未超过标准限值，仍可以继续运行，应加强运行中的监视。

异常状态：单项重要状态量变化较大，已接近或略微超过标准限值，应监视运行，并适时安排停电检修。

严重状态：单项重要状态量严重超过标准限值，需要尽快安排停电检修。

3. 穿墙套管状态评价方法

穿墙套管的状态确定应同时考虑单项状态量的扣分和所有状态量的合计扣分情况，具体见表 15-14。

（1）当任一状态量单项扣分和所有状态量合计扣分同时达到表 15-14 的规

定时，视为正常状态。

（2）当任一状态量单项扣分或所有状态量合计扣分达到表 15-14 的规定时，视为注意状态。

（3）当任一状态量单项扣分达到表 15-14 的规定时，视为异常状态或严重状态。

表 15-14　　穿墙套管状态评价标准

正常状态		注意状态		异常状态	严重状态
合计扣分	单项扣分	合计扣分	单项扣分	单项扣分	单项扣分
≤20	≤10	＞20	12～20	24～30	≥30

4. 穿墙套管的 A 类检修项目

（1）返厂检修。

（2）整体更换。

（3）本体内部部件的检查、维修或更换（例如套管内部导体更换）。

（4）相关试验。

5. 穿墙套管的 B 类检修项目

（1）局部（包括附件）检修或更换：密封垫更换、充油套管绝缘油更换、复合套管硅橡胶伞裙修补、充气套管气体处理、储油柜更换、其他。

（2）相关试验。

6. 穿墙套管的 C 类检修项目

（1）瓷套管外表面涂 RTV 或 PRTV。

（2）清扫、检查、维修。

（3）按试验规程规定进行例行试验。

7. 穿墙套管的 D 类检修项目

（1）带电测试。

（2）检修人员专业检查巡视。

（3）其他。

8. 穿墙套管外表损伤的状态检修和评价

（1）穿墙套管瓷套存在裂纹或复合套管伞裙局部缺损、变色，根据穿墙套管状态量评价标准其劣化程度为Ⅱ，基本扣分 4 分，权重系数为 3，所以，状态扣分值为 12 分，单项扣分在 12～20 分区间，评价为注意状态，可进行 C 类检修。

（2）穿墙套管瓷套有局部小面积缺损或复合套管伞裙有明显电腐蚀，根据穿墙套管状态量评价标准其劣化程度为Ⅲ，基本扣分8分，权重系数为3，所以，状态扣分值为24分，单项扣分在24～30分区间，评价为异常状态，可进行C类检修。

9. 穿墙套管电晕或闪络的状态检修和评价

穿墙套管瓷套或复合套管表面有较严重电晕或滑闪放电，根据穿墙套管状态量评价标准其劣化程度为Ⅳ，基本扣分10分，权重系数为3，所以，状态扣分值为30分，单项扣分大于等于30分，评价为严重状态，可进行A类检修。

10. 穿墙套管渗漏油的状态检修和评价

（1）穿墙套管外表有轻微油迹，根据穿墙套管状态量评价标准其劣化程度为Ⅱ，基本扣分4分，权重系数为3，所以，状态扣分值为12分，单项扣分在12～20分区间，评价为注意状态，可进行C类检修。

（2）穿墙套管外表有大面积漏油或滴油，根据穿墙套管状态量评价标准其劣化程度为Ⅳ，基本扣分10分，权重系数为3，所以，状态扣分值为30分，单项扣分大于等于30分，评价为严重状态，可进行A类检修。

15.17　变电站防雷及接地装置状态检修及评价

变电站防雷接地装置主要包括雷电接受装置、接地线、接地体等。雷电接受装置是指直接或间接接受雷电的金属杆（接闪器），如避雷针、避雷带（网）、架空地线及避雷器等。接地线（引下线）是指雷电接受装置与接地装置连接用的金属导体，它的作用是把雷电接受装置上的雷电流传递到接地装置上，接地线一般采用圆钢或扁钢组成。接地体是指包括接地装置和装置周围的土壤或混凝土，作用是把雷击电流有效地泄入大地，常用的接地装置有水平接地极、垂直接地极、延长接地极和基础接地极。本节内容主要介绍防雷接地装置的状态检修评价内容。

1. 变电站防雷及接地装置状态检修分类

按工作性质内容及工作涉及范围，变电站防雷及接地装置检修工作分为四类：A类检修、B类检修、C类、D类检修。其中A类为停电检修，B、C、D类都为不停电检修。A类检修是指对变电站防雷及接地装置需停电的整体性的维修和更换；B类检修是指对变电站防雷及接地装置整体性的检查、维修、更换和试验；C类检修是指对变电站防雷及接地装置局部性的检修，部件的更换和试验；D类检修是对变电站防雷及接地装置进行常规性检查、处理、维修和试验。

2. 变电站防雷及接地装置状态检修分类及区分

设备的状态分为：正常状态、注意状态、异常状态和严重状态。

正常状态：设备各状态量处于稳定且在规程规定的警示值、注意值（以下简称标准限值）以内，可以正常运行。

注意状态：单项（或多项）状态量变化趋势朝接近标准限值方向发展，但未超过标准限值，仍可以继续运行，应加强运行中的监视。

异常状态：单项重要状态量变化较大，已接近或略微超过标准限值，应监视运行，并适时安排停电检修。

严重状态：单项重要状态量严重超过标准限值，需要尽快安排停电检修。

3. 变电站防雷及接地装置的状态评价方法

变电站防雷及接地装置评价状态按扣分的大小分为正常状态、注意状态、异常状态和严重状态，扣分值与状态的关系见表 15-15。

当任一状态量的单项扣分和合计扣分同时达到表 15-15 的规定时，视为正常状态。

当任一状态量的单项扣分或合计扣分达到表 15-15 的规定时，视为注意状态。

当任一状态量的单项扣分达到表 15-15 的规定时，视为异常状态或严重状态。

表 15-15　　变电站防雷及接地装置总体评价标准

评价标准 设备	正常状态		注意状态		异常状态	严重状态
	合计扣分	单项扣分	合计扣分	单项扣分	单项扣分	单项扣分
变电站防雷及接地装置	≤30	＜12	＞30	12～16	20～24	≥30

4. 变电站防雷及接地装置的 A 类检修项目

（1）需停电避雷针更换。

（2）其他需停电检修项目。

5. 变电站防雷及接地装置的 B 类检修项目

（1）接地装置整体改造。

（2）改造后试验。

6. 变电站防雷及接地装置的 C 类检修项目

（1）接地体改造。

（2）接地引下线部件更换。

（3）其他部件更换。

7. 变电站防雷及接地装置的 D 类检修项目

（1）按试验规程、接地装置特性参数测量导则 DL/T475—2006 规定进行试验。

（2）开挖检查、修理。

（3）接地引下线的检查。

（4）防腐处理。

（5）其他。

8. 变电站防雷及接地装置腐蚀情况的状态检修和评价

（1）变电站防雷及接地装置腐蚀剩余导体面积为 80%～95%，根据变电站防雷及接地装置状态量评价标准其劣化程度为Ⅰ，基本扣分 2 分，权重系数为 4，所以，状态扣分值为 8 分，合计扣分小于等于 30 分，单项扣分小于 12 分，评价为正常状态，可进行 C 类检修。

（2）变电站防雷及接地装置腐蚀剩余导体面积为 60%～80%，但能满足热容量，根据变电站防雷及接地装置状态量评价标准其劣化程度为Ⅱ，基本扣分 4 分，权重系数为 4，所以，状态扣分值为 16 分，单项扣分在 12～16 分区间，评价为注意状态，可进行 C 类检修。

（3）变电站防雷及接地装置腐蚀剩余导体面积小于 60%，但能满足热容量，根据变电站防雷及接地装置状态量评价标准其劣化程度为Ⅳ，基本扣分 10 分，权重系数为 4，所以，状态扣分值为 40 分，单项扣分大于等于 30 分，评价为严重状态，可进行 B 类检修。

9. 变电站防雷及接地装置焊接情况的状态检修和评价

变电站防雷及接地装置焊点表面不平整光滑，有残留药粉，有肉眼可见砂眼，焊接不牢固、不可靠，焊接长度不符合要求，根据变电站防雷及接地装置状态量评价标准其劣化程度为Ⅲ，基本扣分 8 分，权重系数为 4，所以，状态扣分值为 32 分，单项扣分大于等于 30 分，评价为严重状态，可进行 B 类检修。

10. 变电站防雷及接地装置接地引下线与接地体导通不良的状态检修和评价

（1）变电站防雷及接地装置接地引下线与接地体导通（50mΩ＜测试值≤200mΩ），根据变电站防雷及接地装置状态量评价标准其劣化程度为Ⅱ，基本扣分4分，权重系数为4，所以，状态扣分值为16分，单项扣分在12～16分区间，评价为注意状态，可进行C类检修。

(2) 变电站防雷及接地装置接地引下线与接地体导通（200mΩ<测试值≤1Ω），根据变电站防雷及接地装置状态量评价标准其劣化程度为Ⅲ，基本扣分8分，权重系数为4，所以，状态扣分值为32分，单项扣分大于等于30分，评价为严重状态，可进行B类检修。

(3) 变电站防雷及接地装置接地引下线与接地体导通（测试值>1Ω），根据变电站防雷及接地装置状态量评价标准其劣化程度为Ⅳ，基本扣分10分，权重系数为4，所以，状态扣分值为40分，单项扣分大于等于30分，评价为严重状态，可进行B类检修。

15.18 变电站直流系统状态检修及评价

变电站直流系统是指各类变电站中，为给信号设备、保护装置、自动装置、事故照明、应急电源及断路器分合闸操作提供直流电源的电源设备。直流系统是一个独立的重要电源，它不受系统运行方式的影响，在外部交流电中断的情况下，保证由后备电源——蓄电池继续提供直流电源。

1. 变电站直流系统设备状态检修状态分类及区分

状态分为：正常状态、注意状态、异常状态和严重状态。

正常状态：设备各状态量处于稳定且在规程规定的警示值、注意值（以下简称标准限值）以内，可以正常运行。

注意状态：单项（或多项）状态量变化趋势朝接近标准限值方向发展，但未超过标准限值，仍可以继续运行，应加强运行中的监视。

异常状态：单项重要状态量变化较大，已接近或略微超过标准限值，应监视运行，并适时安排停电检修。

严重状态：单项重要状态量严重超过标准限值，需要尽快安排停电检修。

2. 变电站直流系统元件划分

根据直流系统各部件的独立性，将变电站直流系统分为蓄电池、充电装置、馈电及网络、监测单元等四个元件。

3. 变电站直流系统部件的状态评价方法

变电站直流系统部件的评价应同时考虑单项状态量的扣分和元件合计扣分情况，元件状态评价标准见表15-16。

表 15-16　　　　变电站直流系统各部件评价标准

部件＼评价标准	正常状态		注意状态		异常状态	严重状态
	合计扣分	单项扣分	合计扣分	单项扣分	单项扣分	单项扣分
蓄电池	≤30	≤12	>30	12～20	20～24	>30
充电装置	≤30	≤12	>30	12～20	20～24	>30
馈电及网络	≤30	≤12	>30	12～20	20～24	>30
监测单元	≤30	≤12	>30	12～20	20～24	>30

4. 变电站直流系统的 A 类检修项目

（1）需停电避雷针更换。

（2）其他需停电检修项目。

5. 变电站直流系统的 B 类检修项目

（1）接地装置整体改造。

（2）改造后试验。

6. 变电站直流系统的 C 类检修项目

（1）接地体改造。

（2）接地引下线部件更换。

（3）其他部件更换。

7. 变电站直流系统的 D 类检修项目

（1）按试验规程、DL/T 475—2006《接地装置特性参数测量导则》规定进行试验。

（2）开挖检查、修理。

（3）接地引下线的检查。

（4）防腐处理。

（5）其他。

8. 变电站直流系统阀控式蓄电池外观异常情况的状态检修和评价

（1）对变电站直流系统阀控式蓄电池进行外观检查，20%以下蓄电池有漏液、鼓肚变形等现象，根据变电站直流系统状态量评价标准其劣化程度为Ⅱ，基本扣分 4 分，权重系数为 4，所以，状态扣分值为 16 分，单项扣分在 12～16 分区间，评价为注意状态，可进行 B 类检修。

（2）对变电站直流系统阀控式蓄电池进行外观检查，有接点锈蚀，连接条、螺栓等接触不良现象，根据变电站直流系统状态量评价标准其劣化程度为Ⅱ，基本扣分 4 分，权重系数为 4，所以，状态扣分值为 16 分，单项扣分在 12～16 分区间，评价为注意状态，可进行 B 类检修。

（3）对变电站直流系统阀控式蓄电池进行外观检查，蓄电池组中有20%以上破损、漏液、鼓肚变形等现象，根据变电站直流系统状态量评价标准其劣化程度为Ⅳ，基本扣分10分，权重系数为4，所以，状态扣分值为40分，单项扣分大于30分，评价为严重状态，可进行A类检修。

9. 变电站直流系统高频开关电源外观异常情况的状态检修和评价

（1）变电站直流系统高频开关电源屏柜门损坏，接地不良好，根据变电站直流系统状态量评价标准其劣化程度为Ⅰ，基本扣分2分，权重系数为3，所以，状态扣分值为6分，合计扣分小于等于30分，单项扣分小于等于12分，评价为正常状态，可进行C类检修。

（2）变电站直流系统高频开关电源外观不清洁，装置面板指示灯、表计指示不正确，风扇异常，根据变电站直流系统状态量评价标准其劣化程度为Ⅱ，基本扣分4分，权重系数为3，所以，状态扣分值为12分，单项扣分在12～16分区间，评价为注意状态，可进行C检修。

10. 变电站直流系统绝缘监测装置的状态检修和评价

（1）变电站直流系统绝缘监测装置有接地时不能正确反应接地，根据变电站直流系统状态量评价标准其劣化程度为Ⅳ，基本扣分10分，权重系数为4，所以，状态扣分值为40分，单项扣分大于30分，评价为严重状态，可进行A类检修。

（2）变电站直流系统绝缘监测装置引起直流母线电压大范围波动，根据变电站直流系统状态量评价标准其劣化程度为Ⅳ，基本扣分10分，权重系数为4，所以，状态扣分值为40分，单项扣分大于30分，评价为严重状态，可进行A类检修。

（3）变电站直流系统绝缘监测装置接地记忆功能或选线功能不完善，根据变电站直流系统状态量评价标准其劣化程度为Ⅰ，基本扣分2分，权重系数为4，所以，状态扣分值为8分，合计扣分小于等于30分，单项扣分小于等于12分，评价为正常状态，可进行C类检修。

15.19 站用电系统状态检修及评价

站用电系统是指供给变电站主变压器冷却器，断路器操作、储能电源、电热机构，直流系统的充电装置电源、检修电源、照明电源以及用于站内生产、生活用电等。站用电不仅关系到站内的生产、办公的顺利进行，也影响故障时系统的稳定性，因此在状态检修中，也对站用电系统进行了相应的评价分析，下面对所用电系统的状态检修及评价进行简要介绍。

1. 站用电系统状态检修分类

按工作性质内容与工作涉及范围，站用电系统状态检修工作分为四类：A 类检修、B 类检修、C 类检修、D 类检修。其中 A、B、C 类是停电检修，D 类是不停电检修。A 类检修是指对站用电系统主要单元进行整体性检查、维修更换和试验改造；B 类检修是指对站用电系统主要单元进行部件的解体检查、维修、更换和试验，其他单元的批量更换及加装；C 类检修是对各单元进行常规性检查、维修和试验；D 类检修是对交流系统在不停电状态下进行的带电测试、外观检查和维修。

2. 所用电设备状态检修状态分类及区分

设备的状态分为：正常状态、注意状态、异常状态和严重状态。

正常状态：设备各状态量处于稳定且在规程规定的警示值、注意值（以下简称标准限值）以内，可以正常运行。

注意状态：单项（或多项）状态量变化趋势朝接近标准限值方向发展，但未超过标准限值，仍可以继续运行，应加强运行中的监视。

异常状态：单项重要状态量变化较大，已接近或略微超过标准限值，应监视运行，并适时安排停电检修。

严重状态：单项重要状态量严重超过标准限值，需要尽快安排停电检修。

3. 站用电系统部件状态评价方法

（1）站用电系统部件的评价应同时考虑单项状态量的扣分和部件合计扣分情况，部件状态评价见表 15-17。

（2）当任一状态量单项扣分和部件合计扣分同时达到表 15-17 的规定时，视为正常状态。

（3）当任一状态量单项扣分或部件所有状态量合计扣分达到表 15-17 的规定时，视为注意状态。

（4）当任一状态量单项扣分达到表 15-17 的规定时，视为异常状态或严重状态。

表 15-17　　所用电系统各部件评价标准

评价标准 / 部件	正常状态	注意状态		异常状态	严重状态
	合计扣分	合计扣分	单项扣分	单项扣分	单项扣分
开关柜	<20	>20	8～12	20～24	≥30
配电装置	<20	>20	8～12	20～24	≥30
馈电及网络	<20	>20	8～12	20～24	≥30
控制保护及计量	<20	>20	8～12	20～24	≥30

4. 站用电系统整体如何进行评价

站用电系统整体评价综合其部件的评价结果。当所有部件评价为正常状态时，整体评价为正常状态；当任一部件状态为注意状态、异常状态或严重状态时，整体评价应为其中最严重的状态。

5. 站用电系统的A类检修项目

（1）整体更换：母线排、配电柜、断路器（框架式）。

（2）相关试验。

6. 站用电系统的B类检修项目

（1）主要部件更换及处理：电缆、空气开关（刀熔开关）、接触器。

（2）相关试验。

7. 站用电系统的C类检修项目

（1）清扫、检查、维护。

（2）相关试验（备用电源自动投入装置传动试验）。

8. 站用电系统的D类检修项目

（1）带电测试。

（2）带电维修保养。

（3）检修人员专业检查巡视。

（4）其他不停电的部件更换处理工作。

9. 站用电系统屏柜外观的状态检修和评价

（1）站用电系统屏柜外观存在变形现象，根据站用电系统状态量评价标准其劣化程度为Ⅱ，基本扣分4分，权重系数为3，所以，状态扣分值为12分，单项扣分在8～12分区间，评价为注意状态，可进行C类检修。

（2）站用电系统屏柜存在破损、封堵不良现象，根据站用电系统状态量评价标准其劣化程度为Ⅲ，基本扣分8分，权重系数为3，所以，状态扣分值为24分，单项扣分在20～24分区间，评价为异常状态，可进行B类检修。

10. 站用电系统配电柜的状态检修和评价

（1）站用电系统配电柜有严重脱漆、变形、碰撞痕迹，根据站用电系统状态量评价标准其劣化程度为Ⅰ，基本扣分2分，权重系数为2，所以，状态扣分值为4分，合计扣分小于20分，评价为正常状态，可进行C类检修。

（2）站用电系统连接处存在松动现象，根据站用电系统状态量评价标准其劣化程度为Ⅰ，基本扣分2分，权重系数为2，所以，状态扣分值为4分，合计扣分小于20分，评价为正常状态，可进行C类检修。

（3）站用电系统本体与接地体连接不可靠，接地锈蚀，根据站用电系统状态量评价标准其劣化程度为Ⅲ，基本扣分 8 分，权重系数为 3，所以，状态扣分值为 24 分，单项扣分在 20～24 分区间，评价为异常状态，可进行 B 类检修。

（4）站用电系统抽屉式配电柜电气联锁及机械连锁不可靠，根据站用电系统状态量评价标准其劣化程度为Ⅲ，基本扣分 8 分，权重系数为 3，所以，状态扣分值为 24 分，单项扣分在 20～24 分区间，评价为异常状态，可进行 B 类检修。

11. 站用电系统穿墙套管外表损伤的状态检修和评价

（1）站用电系统穿墙套管瓷套存在裂纹或复合套管伞裙局部缺损、变色，根据站用电系统状态量评价标准其劣化程度为Ⅱ，基本扣分 4 分，权重系数为 2，所以，状态扣分值为 8 分，合计扣分小于 20 分，评价为正常状态，可进行 C 类检修。

（2）站用电系统穿墙套管瓷套有局部小面积缺损或复合套管伞裙基部变色，根据站用电系统状态量评价标准其劣化程度为Ⅲ，基本扣分 8 分，权重系数为 2，所以，状态扣分值为 16 分，单项扣分大于 8～12 分，但小于 20～24 分，评价为注意状态，可进行 B 类检修。

第 16 章

常用工器具、仪器、仪表的使用与维护

本章主要介绍变电运维工作中会用到的专业工器具、仪器、仪表的使用与维护等相关内容。通过学习本章内容，现场运维人员能够初步了解和掌握相关工器具、仪器、仪表的使用方法和注意事项，从而进行电气设备相关参数的测量等变电运维工作。工作中测量的参数主要包括：变压器及其套管直流电阻测量，绝缘电阻吸收比测量，介质损耗参数测量，低电压阻抗等；断路器、隔离开关、避雷器、电压互感器、电流互感器等套管的绝缘电阻吸收比、介质损耗参数等；安全工器具例行试验、检测等。

16.1　基本绝缘安全工器具试验要求

电力安全工器具是指防止触电、灼伤、坠落、摔跌等事故，保障工作人员人身安全的各种专用工具和器具。安全工器具又分为绝缘安全工器具和一般防护安全工器具两大类。绝缘安全工器具又分为基本绝缘安全工器具和辅助绝缘安全工器具。基本绝缘安全工器具是指能直接操作带电设备或接触及可能接触带电体的工器具，如电容型验电器、绝缘杆、核相器、绝缘罩、绝缘隔板等，这类工器具与带电作业工器具的区别在于其工作过程中可短时间接触带电体或非接触带电体。

电力安全工器具直接关系到运维工作中操作人员的人身安全，因此安全工器具要定期做预防性试验。所谓预防性试验是指为防止使用中的电力安全工器具性能改变或存在隐患而导致在使用中发生事故，对电力安全工器具进行试验、检测和诊断的方法和手段。以下将介绍几种常用的基本绝缘安全工器具的试验方法和要求。

1. 电容型验电器

电容型验电器的功能是通过检测流过验电器对地杂散电容中的电流，检验设备、线路是否带电。

（1）电容型验电器的试验项目、周期和要求见表 16-1。

（2）试验方法。

1）验电器起动电压试验。高压电极由金属球体构成，在 1m 的空间范围内不应放置其他物体，将验电器的接触电极与一极接地的交流电压的高压电极相接触，逐渐升高高压电极的电压，当验电器发出“电压存在”信号，如“声光”信号报警时，记录此时的起动电压，如该电压在 0.15～0.4 倍额定电压之间，则认为试验通过。

表 16-1　　　　电容型验电器的试验项目、周期和要求

<table>
<tr><th>序号</th><th>项目</th><th>周期</th><th colspan="4">要　求</th><th>说明</th></tr>
<tr><td>1</td><td>起动电压试验</td><td>1 年</td><td colspan="4">起动电压值不高于额定电压的 40%，不低于额定电压的 15%</td><td>试验时接触电极应与试验电极相接触</td></tr>
<tr><td rowspan="9">2</td><td rowspan="9">工频耐压试验</td><td rowspan="9">1 年</td><td rowspan="2">额定电压 kV</td><td rowspan="2">试验长度 m</td><td colspan="2">工频耐压 kV</td><td rowspan="9"></td></tr>
<tr><td>1min</td><td>5min</td></tr>
<tr><td>10</td><td>0.7</td><td>45</td><td>—</td></tr>
<tr><td>35</td><td>0.9</td><td>95</td><td>—</td></tr>
<tr><td>63</td><td>1.0</td><td>175</td><td>—</td></tr>
<tr><td>110</td><td>1.3</td><td>220</td><td>—</td></tr>
<tr><td>220</td><td>5.1</td><td>440</td><td>—</td></tr>
<tr><td>330</td><td>3.2</td><td>—</td><td>380</td></tr>
<tr><td>500</td><td>4.1</td><td>—</td><td>580</td></tr>
</table>

2）工频耐压试验。高压试验电极布置于绝缘杆的工作部分，高压试验电极和接地极间的长度即为试验长度，根据表 16-1 中规定确定两电极间距离，如在绝缘杆间有金属连接头，两试验电极间的距离还应在此值上再加上金属部件的长度，绝缘杆间应保持一定距离，以便于观察试验情况。接地极和高压试验电极以宽 50mm 的金属箔或用导线包绕。

各电压等级的绝缘杆应施加相应的加压时间。10～220kV 电压等级的绝缘杆，加压时间 1min；330～500kV 电压等级的绝缘杆，加压时间 5min。

缓慢升高电压，以便能在仪表上准确读数，达到 0.75 倍试验电压值后，以每秒 2%试验电压的升压速度至规定的值，保持相应的时间，然后迅速降压，但不能突然切断。试验中各绝缘杆应不发生闪络或击穿，试验后绝缘杆应无放电、灼伤痕迹，应不发热。

若试验变压器电压等级达不到试验的要求，可分段进行试验，最多可分成 4 段，分段试验电压应为整体试验电压除以分段数再乘以 1.2 倍的系数。

2. 携带型短路接地线

携带型短路接地线是用于防止设备、线路突然来电，消除感应电压，放尽剩余电荷的临时接地的装置。

(1) 携带型短路接地线的试验项目、周期和要求见表 16-2。

表 16-2　　携带型短路接地线的试验项目、周期和要求

<table>
<tr><th>序号</th><th>项目</th><th>周期</th><th colspan="3">要　求</th><th>说明</th></tr>
<tr><td>1</td><td>成组直流电阻试验</td><td>不超过5年</td><td colspan="3">在各接地线鼻之间测量直流电阻，截面积为 25mm^2、35 mm^2、50 mm^2、70 mm^2、95 mm^2、120 m^2 时，导线平均每米的电阻值应分别小于 0.79mΩ、0.56 mΩ、0.40 mΩ、0.28 mΩ、0.21 mΩ、0.16 mΩ</td><td>同一批次抽测，不少于 2 条，接线鼻与软导线压接的应做该试验</td></tr>
<tr><td rowspan="9">2</td><td rowspan="9">操作棒的工频耐压试验</td><td rowspan="9">1 年</td><td rowspan="2">额定电压
kV</td><td colspan="2">工频耐压
kV</td><td rowspan="9">试验电压加护环与紧固头之间</td></tr>
<tr><td>1min</td><td>5min</td></tr>
<tr><td>10</td><td>45</td><td>—</td></tr>
<tr><td>35</td><td>95</td><td>—</td></tr>
<tr><td>63</td><td>175</td><td>—</td></tr>
<tr><td>110</td><td>220</td><td>—</td></tr>
<tr><td>220</td><td>440</td><td>—</td></tr>
<tr><td>330</td><td>—</td><td>380</td></tr>
<tr><td>500</td><td>—</td><td>580</td></tr>
</table>

(2) 试验方法。

1) 成组直流电阻试验。成组直流电阻试验用于考核携带型短路接地线线鼻和汇流夹与多股铜质软导线之间的接触是否良好。同时，也可考核钢质软导线的截面积是否符合要求。

成组直流电阻试验采用直流电压降压法测量，常用的测量方式为电流-电压表法，试验电流宜大于等于 30A。进行接地线的成组直流电阻试验时，应先测量各接线鼻间的长度，根据测得的直流电阻值，算出每米的电阻值，其值如符合表 16-2 的规定，则为合格。

2）工频耐压试验。试验电压加在操作棒的护环与紧固头之间，注意接线的正确性，其余同验电器工频耐压试验。

3. 个人保护接地线

个人保护接地线是用于防止感应电压危害的个人用接地装置。

（1）个人保护接地线的实验项目、周期和要求见表 16-3。

表 16-3　　个人保护接地线的试验项目、周期和要求

项目	周期	要求	说明
成组直流电阻试验	不超过 5 年	在各接地线鼻之间测量直流电阻，截面积为 10mm²、16 mm²、25 mm² 时，导线平均每米的电阻值应分别小于 1.98mΩ、1.24mΩ、0.79mΩ	同一批次抽测，不少于两条

（2）试验方法。

个人保护接地线成组直流电阻试验方法同携带型短路接地线组成直流电阻试验方法，如测得的直流电阻值符合表 16-3 的规定，则认为合格。

4. 绝缘杆

绝缘杆是用于短时间对带电设备进行操作的绝缘工具，如接通或断开高压隔离开关、跌落、保险等。

（1）绝缘杆的试验项目、周期和要求见表 16-4。

（2）试验方法。

绝缘杆工频耐压试验方法同携带型短路接地线的工频耐压试验方法。

表 16-4　　绝缘杆的试验项目、周期和要求

序号	项目	周期	要求				说明
			额定电压 kV	试验长度 m	工频耐压 kV		
					1min	5min	
1	工频耐压试验	1 年	10	0.7	45	—	
			35	0.9	95	—	
			63	1.0	175	—	
			110	1.3	220	—	
			220	5.1	440	—	
			330	3.2	—	380	
			500	4.1	—	580	

5. 核相器

核相器是用于检查判别待连接设备、电气回路是否相位相同的装置。

（1）核相器的试验项目、周期和要求见表 16-5。

表 16-5　核相器的试验项目、周期和要求

<table>
<tr><th>序号</th><th>项目</th><th>周期</th><th colspan="12">要　求</th><th>说　明</th></tr>
<tr><td rowspan="3">1</td><td rowspan="3">连接导线绝缘强度试验</td><td rowspan="3">必要时</td><td colspan="4">额定电压
kV</td><td colspan="4">工频耐压
kV</td><td colspan="4">持续时间
min</td><td rowspan="3">浸在电阻率小于 100Ω·m水中</td></tr>
<tr><td colspan="4">10</td><td colspan="4">8</td><td colspan="4">5</td></tr>
<tr><td colspan="4">35</td><td colspan="4">28</td><td colspan="4">5</td></tr>
<tr><td rowspan="3">2</td><td rowspan="3">绝缘部分工频耐压试验</td><td rowspan="3">1 年</td><td colspan="3">额定电压
kV</td><td colspan="3">试验长度
m</td><td colspan="3">工频耐压
kV</td><td colspan="3">持续时间
min</td><td rowspan="3"></td></tr>
<tr><td colspan="3">10</td><td colspan="3">0.7</td><td colspan="3">45</td><td colspan="3">1</td></tr>
<tr><td colspan="3">35</td><td colspan="3">0.9</td><td colspan="3">95</td><td colspan="3">1</td></tr>
<tr><td rowspan="3">3</td><td rowspan="3">电阻管泄漏电流试验</td><td rowspan="3">半年</td><td colspan="3">额定电压
kV</td><td colspan="3">工频耐压
kV</td><td colspan="3">持续时间
min</td><td colspan="3">泄漏电流
mA</td><td rowspan="3"></td></tr>
<tr><td colspan="3">10</td><td colspan="3">10</td><td colspan="3">1</td><td colspan="3">≤2</td></tr>
<tr><td colspan="3">35</td><td colspan="3">35</td><td colspan="3">1</td><td colspan="3">≤2</td></tr>
<tr><td>4</td><td>动作电压试验</td><td>1 年</td><td colspan="12">最低动作电压应达 0.25 倍额定电压</td><td></td></tr>
</table>

（2）试验方法。

1）连接导线绝缘强度试验。导线应拉直，放在电阻率小于 100Ω·m 的水中浸泡，也可直接浸泡在自来水中，两端应有 350mm 长度露出水面。接线时注意接线的正确性，表计不要接反，接线形式如图 16-1 所示。

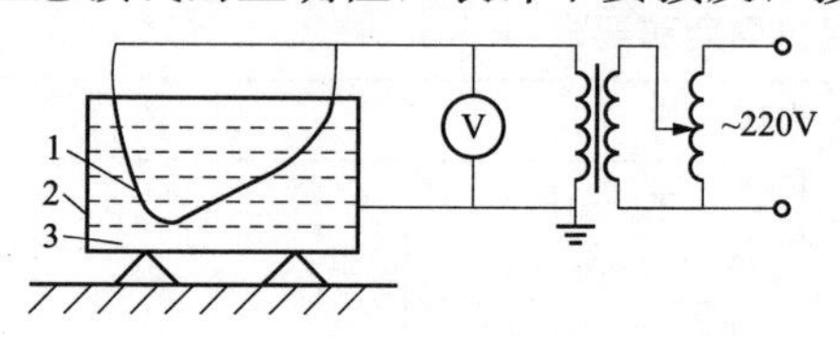

图 16-1　连接导线绝缘强度试验

1—连接导线；2—金属盆；3—水

在金属盆与连接导线之间施加表 16-5 规定的电压，以 1000V/s 的恒定速度逐渐加压，到达规定电压后，保持 5min，如果没有出现击穿，则试验合格。

2）绝缘部分工频耐压试验。试验电压加在核相棒的有效绝缘部分，试验方法同电容型验电器工频耐压试验。

3）电阻管泄漏电流试验。依次对两核相棒进行试验，将待试核相棒的试验电极接至交流电压的一极上，其连接导线的出口与交流电压的接地极相连接，施加表 16-5 规定的电压，如泄漏电流小于表 16-5 规定的值，则试验通过。

4）动作电压试验。将核相器的接触电极与一极接地的交流电压的两极相接触，逐渐升高交流电压，测量核相器的动作电压，如动作电压最低达到 0.25 倍额定电压，则认为试验通过。

6. 绝缘罩

（1）绝缘罩是由绝缘材料制成，用于遮蔽带电导体或非带电导体的保护罩。绝缘罩的试验项目、周期和要求见表 16-6。

表 16-6　　绝缘罩的试验项目、周期和要求

项目	周期	要　求			说　明
工频耐压试验	1 年	额定电压 kV	工频耐压 kV	持续时间 min	
		6～10	30	1	
		35	80	1	

（2）试验方法。

工频耐压试验对于功能类型不同的遮蔽罩，应使用不同型式的电极。通常遮蔽罩的内部电极是一金属芯棒，并置于遮蔽罩内中心处，遮蔽罩外部电极为接地电极，由导电材料，如金属箔或导电漆等制成，试验电极布置如图 16-2 所示。

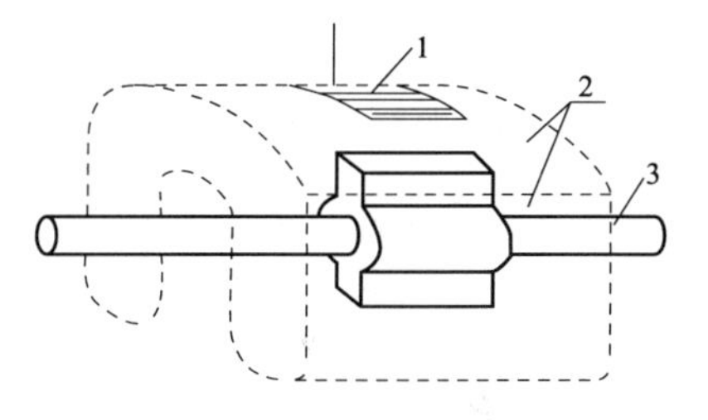

图 16-2　试验电极布置
1—接地电极；2—金属箔或导电漆；3—高压电极

在试验电极间，按表 16-7 规定，施加工频电压，持续时间 5min。试验中，试品不应出现闪络或击穿。试验后，试样各部位应无灼伤、发热现象。

7. 绝缘隔板

绝缘隔板是用于隔离带电部件、限制工作人员活动范围的绝缘平板。

（1）绝缘隔板的试验项目、周期和要求见表 16-7。

（2）试验方法。

1）表面工频耐压试验。用金属板作为电极，金属板的长为 70mm，宽为 30mm，两电极之间相距 300mm。在两电极间施加工频电压 60kV，持续时间 1min，试验过程中不应出现闪络或击穿，试验后，试样各部分应无炸伤，无发热现象。

表 16-7　　绝缘隔板的试验项目、周期和要求

<table>
<tr><th>序号</th><th>项目</th><th>周期</th><th colspan="3">要　求</th><th>说　明</th></tr>
<tr><td rowspan="2">1</td><td rowspan="2">表面工频耐压试验</td><td rowspan="2">1 年</td><td>额定电压 kV</td><td>工频耐压 kV</td><td>持续时间 min</td><td rowspan="2">电极间距离 300mm</td></tr>
<tr><td>6～10</td><td>60</td><td>1</td></tr>
<tr><td rowspan="3">2</td><td rowspan="3">工频耐压试验</td><td rowspan="3">1 年</td><td>额定电压 kV</td><td>工频耐压 kV</td><td>持续时间 min</td><td rowspan="3"></td></tr>
<tr><td>6～10</td><td>30</td><td>1</td></tr>
<tr><td>35</td><td>80</td><td>1</td></tr>
</table>

2）工频耐压试验。试验时，先在待试验的绝缘隔板上下铺上湿布或金属箔，除上下四周边缘各留出 200mm 左右的距离以免沿面放电之外，应覆盖试品的所有区域，并在其上下安好金属极板，然后按表 16-8 中的规定加压试验，试验中，试品不应出现闪络和击穿，试验后，试样各部位应无灼伤、无发热现象。

16.2　辅助绝缘安全工器具试验要求

辅助绝缘安全工器具是指绝缘强度不是承受设备或线路的工作电压，只是用于加强基本绝缘安全工器具的保安作用，用以防止接触电压、跨步电压、泄漏电流电弧对操作人员的伤害。操作过程中，一定要注意不能用辅助绝缘安全工器具直接接触高压设备带电部分。

1. 绝缘胶垫

绝缘胶垫是加强工作人员对地绝缘，由特殊橡胶制成的橡胶板。

（1）绝缘胶垫的试验项目、周期和要求见表 16-8。

表 16-8　　绝缘胶垫的试验项目、周期和要求

<table>
<tr><th>序号</th><th>项目</th><th>周期</th><th colspan="3">要　求</th><th>说　明</th></tr>
<tr><td rowspan="3">1</td><td rowspan="3">工频耐压试验</td><td rowspan="3">1 年</td><td>额定电压 kV</td><td>工频耐压 kV</td><td>持续时间 min</td><td rowspan="3">使用于带电设备区域</td></tr>
<tr><td>高压</td><td>15</td><td>1</td></tr>
<tr><td>低压</td><td>3.5</td><td>1</td></tr>
</table>

（2）工频耐压试验试验方法。

绝缘胶垫试验接线如图 16-3 所示。试验时先将绝缘胶垫上下铺上湿布或

金属箔，并应比被测绝缘胶垫四周小 200mm，连续均匀升压至表 16-9 规定的电压值，保持 1min，观察有无击穿现象，若无击穿，则试验通过。分段试验时，两段试验边缘要重合。

2. 绝缘靴

绝缘靴是由特种橡胶制成的，用于人体与地面绝缘的靴子。

（1）绝缘靴的试验项目、周期和要求见表 16-9。

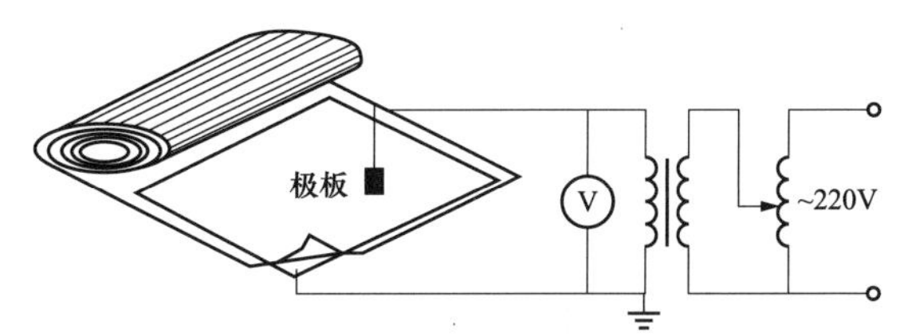

图 16-3　绝缘胶垫试验接线图

表 16-9　　绝缘靴的试验项目、周期和要求

序号	项　目	周　期	要　　求			说　明
1	工频耐压试验	半年	工频耐压 kV	持续时间 min	泄漏电流 mA	
			25	1	≤10	

（2）工频耐压试验试验方法。

将一个与试样鞋号一致的金属片作为内电极放入鞋内，金属片上铺满直径不大于 4mm 的金属球，其高度不小于 15mm，外接导线焊一片直径大于 4mm 的铜片，并埋入金属球内。外电极为置于金属器内的浸水海绵，试验电路见图 16-4。

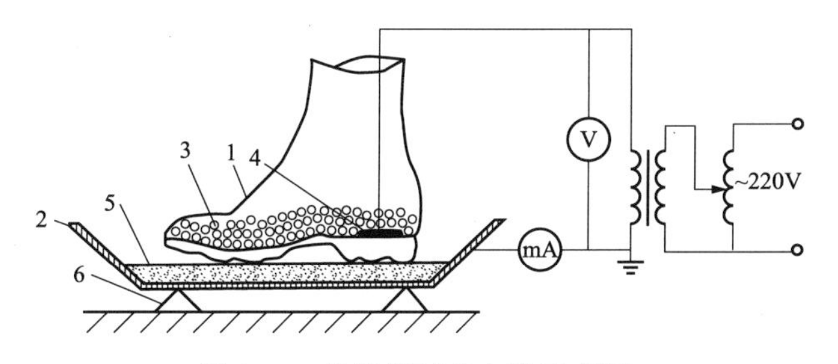

图 16-4　绝缘靴试验电路示意图

1—被试靴；2—金属盘；3—金属球；4—金属片

5—海绵和水；6—绝缘支架

以规定的速度使电压从零上升到所规定电压值的 75%，然后以 100kV/s 的速度升到规定的电压值。当电压升到表 16-10 规定的电压时，保持 1min，然后记录毫安表的电流值。电流值小于 10mA，则认为试验通过。

3. 绝缘手套

绝缘手套是由特种橡胶制成的，起到电气绝缘作用的手套。

（1）绝缘手套的试验项目、周期和要求见表 16-10。

表 16-10　　绝缘手套的试验项目、周期和要求

序号	项目	周期	要　求				说　明
1	工频耐压试验	半年	电压等级	工频耐压 kV	持续时间 min	泄漏电流 m	
			高压	8	1		
			低压	5.5	1		

（2）工频耐压试验方法。

在被试手套内部放入电阻率不大于 100Ω·m 的水，如自来水，然后浸入盛有相同水的金属盆中，使手套内外水平面呈相同高度，手套应有 90mm 的露出水面部分，这一部分应该擦干，试验接线如图 16-5 所示。

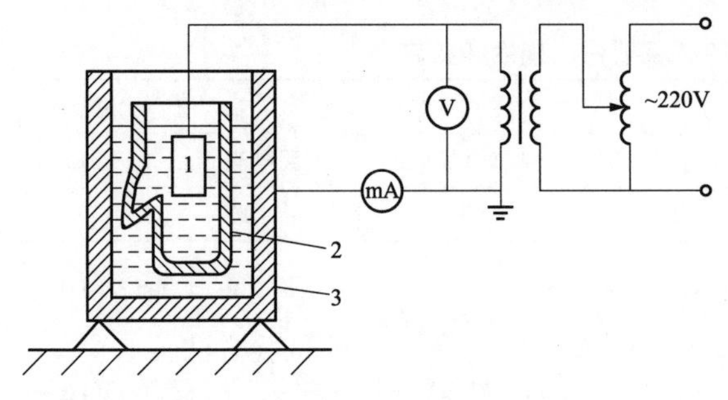

图 16-5　绝缘手套试验装置示意图
1—电极；2—试样；3—盛水金属器皿

以恒定速度升压至表 16-11 规定的电压值，保持 1min，不应发生电气击穿。测量泄漏电流，其值满足表 16-11 规定的数值，则认为试验通过。

4. 导电鞋

导电鞋是由特种导电性能橡胶制成的，在 220～500kV 带电杆塔上及 330～500kV 带电设备区非带电作业时为防止静电感应电压所穿用的鞋子。

（1）导电鞋的试验项目、周期和要求见表 16-11。

表 16-11　　导电鞋的试验项目、周期和要求

序号	项目	周期	要　求	说　明
1	直流电阻试验	穿用累计不超过 200h	电阻值小于 100kΩ	

（2）直流电阻试验方法。

以 100V 直流电源作为试验电源，导电鞋电阻值测量试验电路见图 16-6。内电极由直径 4mm 的钢球组成，外电极为铜板，外接导线焊一片直径大于 4mm 的铜

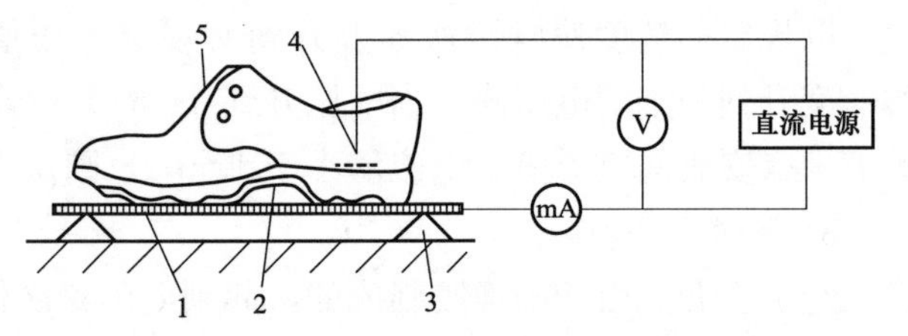

图 16-6　导电鞋电阻值测量试验电路
1—铜板；2—导电涂层；3—绝缘支架；4—内电极；5—试样

片埋入钢球中。在试验鞋内装满钢球，钢球总质量应满足试验要求，如果鞋帮高度不够，装不下全部钢球，可用绝缘材料加高鞋帮高度，加电压时间为 1min。测量电压值和电流值，并根据欧姆定律算出电阻，如电阻小于 100kΩ，则试验通过。

16.3 直流高压发生器的使用与维护

直流高压发生器是提供直流高压源，检测电力器件的电气绝缘强度和泄漏电流的仪器。它是电气试验中常用的仪器，仪器型号的不同其使用方法也有所不同，比下介绍一般直流高压发生器的使用方法和注意事项。

1. 使用前准备工作

(1) 直流发生器在使用前应检查其完好性，连接电缆线不应有断路和短路，设备无破裂等损坏。

(2) 将机箱、倍压筒放置到合适的安全的位置，分别连接好电源线、电缆线和接地线。保护接地线与工作接地线以及放电棒的接地线均应单独接到试品的地线上（即一点接地）。严禁各接地线相互串联使用，以免击穿时对地电位抬高形成反击，损坏仪器。

(3) 检查电源开关是否在关断的位置上，并检查调压电位器应在零位上，过电压保护整定拨盘开关设置在适当的位置上，一般为 1.10～1.20 倍测试电压值。

2. 空载升压验证过电压保护整定值

(1) 在试验前必须确证仪器所接电源是单相交流电源，电压 220V，频率 50Hz。接通电源开关，通过仪器相关指示，判断电源接通。

(2) 按仪器相关按钮，发出相应指示，表示高压接通。

(3) 通过仪器相应功能部件平缓调节调压电位器，进行电压粗调和细调，输出端从零开始升压。升到所需的电压后，按规定时间记录电流表读数，并检查控制箱及输出电缆有无异常现象及声响。必要时，使用外接高压分压器校准控制箱上的直流高压指示。

(4) 降压。将调压电位器回零后，按下相应按钮，切断高压并关闭电源开关。

3. 对试品进行泄漏及直流耐压试验

(1) 在做负载试验前，将高压屏蔽微安表安装到高压倍压筒上的高压输出端上，并将配套的专用屏蔽线分别接到微安表上和被试品上。

（2）检查仪器、放电棒、倍压筒、试品连接线、接地线是否正确，接地线连接是否可靠。检查高压安全距离符合要求后，方可开始进行试品的高压试验。

（3）检查确认仪器等无异常情况后，接通单相交流220V电源开关，此时通过仪器相应的显示，确证电源接通。可开始进行试品的直流泄漏和直流耐压试验。

（4）按相关按钮，使仪器显示高压接通，待升高压。

（5）平缓调节调压电位器粗调和细调旋钮，输出端即从零开始升压。升压速度以每秒3～5kV上升为宜。对大电容试品升压时，更要缓慢升压，否则可能导致电压过冲，还需监视电流表充电电流不超过直流发生器的最大充电电流。当升到所需的电压或电流后，按规定时间记录电流表及电压表的读数。

（6）试验完毕后，降压，将调压电位器粗调和细调回零后，按仪器相关的按钮，以切断高压并关闭电源开关。

（7）试验完毕后，应用放电棒对试品进行多次放电，放电后方可靠近试品和拆线工作。

（8）对小电容试品如氧化锌避雷器、磁吹避雷器等进行试验应先粗调升到所需电压（电流）的90%，再用细调电位器缓缓升压到所需的电压（电流）值，然后从读数显示表上读出电压（电流）数值。如需对氧化锌避雷器进行75% VDC-1mA的测量时，应先升到电流到1mA时电压值停止（这时可记录电压、电流值），将电压即降到原来的75%，并保持此状态。此时可读取微安表数值及电压值。测量完毕后，调压电位器逆时针回到零位。

（9）对大电容试品进行试验时，升压应更要缓慢，并需要监视电流表充电电流不超过发生器的最大充电电流，一定要放慢升压速度，避免充电电流过大。试验完毕后，将电压调节电位器逆时针回到零位上，随后切断高压。此时注意电压表上的电压降到15kV左右，方可用放电棒进行多次放电，确保安全。

4. 使用过程中注意事项

（1）直流高压发生器是提供高压直流源的仪器，在使用该仪器前必须先把仪器可靠接地。使用直流高压发生器的工作人员必须具有资质，并经考试合格。使用直流高压发生器必须按《电力安全工作规程》的相关规定，并在工作电源进入试验器前加装两个明显断开点。当更换试品和接线时，应先将两个电源断开点明显断开。同时必须保持至少有三个工作人员在现场，这样才能有效地保证使用人员的安全。

（2）在打开仪器上的电源前要确定直流高压发生器所接电源为220V交流电源，仔细检查接线是否正确，同时也要检查高压放电杆的接线是否可靠。在直流高压发生器的升降压过程要保持缓升缓降，平稳升压是延长直流高压发生器的使用寿命最主要的要点之一，尽量避免过量程使用仪器。在每次试验结束后先把电位器回到零位，然后切断电源再进行对被试品的放电。放电过程分为两步，对大电容试品应用专用放电电阻棒放电。放电时不能将放电棒立即接触试品，应先将放电棒逐渐接近试品，到一定距离空气间隙开始游离放电，有嘶嘶声，当无声音时可用放电棒放电，最后直接接上地线放电。

（3）当直流高压在200kV及以上时，尽管试验人员穿绝缘鞋且处在安全距离以外区域，但由于高压直流离子空间电场分布的影响，会使邻近站立的人体上带有不同的直流电位。试验人员不要互相握手或用手接触接地体等，否则会有轻微电击现象，此现象在干燥地区和冬季较为明显。但由于能量较小，一般不会对人体造成伤害。

直流高压发生器控制箱电源为交流AC 220V（1±10%），50Hz。如果电源经隔离变压器或现场用自发电源，则必须人为将电源引出一点与大地连接。

5. 日常维护

（1）定期更换液压油并清洗油箱，用油必须采用与发生器相适应的型号。

（2）按规定需要给设备机械传动部分各润滑点注油。

（3）经常观察液体状况，液位接近下限时请及时往油箱里补充推荐使用的液压油。

（4）经常检查各处防尘装置，发现破损或连接松动，应及时处理，以防沙尘混入，损坏设备。

（5）气炎热时经常检察（当油温大于等于45℃）冷却装置是否自动启动。(冷却水温必须低于30℃)。

（6）在清洗油箱的同时清洗空气滤清器。

（7）经常检查直流高压发生器的滤油器信号灯，信号灯一亮（同时蜂鸣器会响）立即清洗油过滤器。

（8）定期检查直流高压发生器的接地装置是否合格，以保证人身安全。

（9）定期检查发生器的按钮、旋钮、软件程序有无异常情况。

（10）定期对发生器各项参数指标进行检查，按照规定的维护时间表进行相应操作，对到期的仪器应严格执行更换部件或更换新设备的相关规定。

16.4 工频高压发生器的使用与维护

工频高压发生器是提供交流高压源，用来进行设备的验电和绝缘强度的检验。工频高压发生器多为手持式设备，如今部分功能已经融合到直流高压发生器中。

1. 使用前准备

(1) 工频发生器在使用前应检查其完好性，连接电缆线不应有断路和短路设备无破裂等损坏。

(2) 检查电源开关的实际位置和调压器的实际位置，确定是从零开始调压。

2. 一般使用方法

(1) 在试验前必须确证所接电源合格或者其电池容量充足。

(2) 按仪器相关部位，发出相应指示，表示仪器开启和接通。

(3) 通过仪器相应功能部件平缓调节调压电位器，进行电压粗调和细调，输出端从零开始升压。升到所需的电压后，按规定时间记录电流表读数。

(4) 按相应的试验接线要求，正确接线，严格按照相关规定检查。

(5) 降压，将调压电位器回零后，按下相应按钮，切断高压并关闭电源开关。

3. 使用过程中注意事项

(1) 由于交流耐压试验是一种破坏性试验，所采用的试验电压往往比运行电压高得多，过高的电压会使绝缘介质损失增大，同时发热、放电也高于正常运行状态，这会加速绝缘缺陷的发展。故在对设备进行交流耐压试验时应根据绝缘介质的不同及设备运行状况的不同，按照有关规程及试验标准选取相应的试验电压。

(2) 耐压试验过程中，升压应当从零开始，禁止在30%试验电压以上冲击合闸。当试验电压升到40%以上时，应均匀升压，升压速度为每秒3%试验电压左右。升压过程中应监视电流的变化，当保护动作时，应查明原因，消除后再进行试验。

(3) 交流耐压试验中，加至试验标准电压后，为了便于观察被试品的情况，同时也为了使已经开始击穿的缺陷来得及暴露出来，要求持续1min的耐压时间。耐压时间不应过长，以免引起不应有的绝缘损伤，甚至使本来合格的绝缘发生热击穿。耐压时间一到，应速将电压降至输出电压的25%以下，再切断电源。严禁在试验电压下切断电源，否则可能产生使试品放电或击穿的操作过电压。

（4）在试验过程中，若由于空气的湿度、设备表面脏污等影响，引起试品表面闪络放电或空气击穿，应不能认为不合格，应处理后再试验。

4. 日常维护

（1）在试验过程中，若由于空气湿度、温度、表面脏污等影响，引起被试品表面闪络放电或空气放电，不应认为被试品不合格，须经清洁、干燥处理后，再进行试验。

（2）升压必须从零开始，不可冲击合闸。升压速度在40％试验电压以内可不受限制，其后应均匀升压，速度约为每秒3％的试验电压。防止对仪器的损坏，严禁超过量程使用。

16.5　绝缘电阻表、万用表的使用与维护

绝缘电阻表、万用表是变电运维工作中使用频率较高的仪表，作为运行维护人员，要掌握两种仪表的基本使用方法和注意事项。

1. 绝缘电阻表的使用与维护

在测量绝缘电阻值时，绝缘电阻表与万用表不同之处是其本身带有电压较高的电源，电源一般由手摇直流发电机或晶体管变换器产生，电压约为500～5000V。与万用表相比，用绝缘电阻表测量绝缘电阻，能得到符合实际工作条件的绝缘电阻值。

（1）绝缘电阻表的使用

1）测量前要先切断被测设备的电源，并将设备的导电部分与大地接通，进行充分放电，以保证安全。用绝缘电阻表测量过的电气设备，也要及时接地放电，方可进行再次测量。

2）测量前要先检查绝缘电阻表是否完好，即在绝缘电阻表未接上被测物之前，摇动手柄使发电机达到额定转速（120r/min），观察指针是否指在标尺的“∞”位置。将接线柱“线（L）和地（E）”短接，缓慢摇动手柄，观察指针是否指在标尺的“0”位。如指针不能指到该指的位置，表明绝缘电阻表有故障，应检修后再用。

3）接线必须正确。一般的绝缘电阻表上一般有三个接线柱，分别标有L（线路）、E（接地）和G（屏蔽）。其中L接在被测物与大地绝缘的导体部分，

E接被测物的外壳或大地，G接在被测物的屏蔽上或不需要测量的部分。

4）接线柱G是用来屏蔽表面漏电流的。如测量电缆的绝缘电阻时，由于绝缘材料表面存在漏电电流，将使测量结果不准，尤其是在湿度很大的场合及电缆绝缘表面又不干净的情况下，会使测量误差增大。为避免表面漏电流的影响，在被测物的表面加一个金属屏蔽环，与绝缘电阻表的“屏蔽”接线柱相连。这样，表面漏电流从发电机正极出发，经接线柱G流回发电机负极而构成回路。漏电流不再经过绝缘电阻表的测量机构，从根本上消除了表面漏电流的影响。

5）接线柱与被测设备间不能用双股绝缘线或绞线连接，应该用单股线分开单独连接，避免因绞线绝缘不良而引起误差。为获得正确的测量结果，被测设备的表面应用干净的布或棉纱擦拭干净。

6）摇动手柄应由慢渐快，若发现指针指零说明被测绝缘物可能发生了短路，这时就不能继续摇动手柄，以防表内线圈发热损坏。手摇发电机要保持匀速，不可忽快忽慢而使指针不停地摆动。通常最适宜的速度是120r/min。

7）测量具有大电容设备的绝缘电阻，读数后不能立即停止摇动绝缘电阻表，否则已被充电的电容器将对绝缘电阻表放电，有可能烧坏绝缘电阻表。读数后应一方面降低手柄转速，一方面拆去接地端线头，在绝缘电阻表停止转动和被测物充分放电以前，不能用手触及被试设备的导电部分。

8）测量设备的绝缘电阻时，还应记下测量时的温度、湿度、被试物的有关状况等，以便于对测量结果进行分析。

9）测量后，对大电容被测设备进行放电。

（2）绝缘电阻表的选择。

绝缘电阻表的选择，最重要的是选择它的电压及测量范围。高压电气设备绝缘电阻要求高，须选用电压高的绝缘电阻表进行测试；低压电气设备内部绝缘材料所能承受的电压不高，为保证设备安全，应选择电压低的绝缘电阻表。选择绝缘电阻表的原则是，不使测量范围过多地超出被测绝缘电阻的数值，以免因刻度较粗而产生较大的读数误差。尤其注意有些绝缘电阻表的起始刻度不是零，而是1MΩ或2MΩ，这种绝缘电阻表不宜测量处于潮湿环境中的低压电气设备的绝缘电阻，因为在这种环境中的设备绝缘电阻较小，有可能小于1MΩ，在仪表上读不到读数，容易误认为绝缘电阻为1MΩ或为零值。

（3）绝缘电阻表的维护及使用注意事项。

1）选用符合电压等级的绝缘电阻表。一般情况下，额定电压在500V以下的设备，应选用 500V 或 1000V 的绝缘电阻表；额定电压在 500V 以上的设备，选用 1000V～2500V 的绝缘电阻表。

2）只能在设备不带电、也没有感应电的情况下测量电阻。

3）测量前应将绝缘电阻表进行一次开路和短路试验，检查绝缘电阻表是否良好。将两连接线开路，摇动手柄，指针应指在“∞”处，再把两连接线短接一下，指针应指在“0”处，符合上述条件者即良好，否则不能使用。

4）测量绝缘电阻时，一般只用“L”和“E”端，但在测量电缆对地的绝缘电阻或被测设备的漏电流较严重时，就要使用“G”端，并将“G”端接被测设备屏蔽层或外壳。这样就使得流经绝缘表面的电流不再经过流比计的测量线圈，而是直接流经 G 端构成回路，所以，测得的绝缘电阻只是电缆绝缘的体积电阻。

5）线路接好后，可按顺时针方向转动摇把，摇动的速度应由慢而快，当转速达到 120r/min 左右时，保持匀速转动，并且要边摇边读数，不能停下来读数。

6）绝缘电阻表未停止转动之前或被测设备未放电之前，严禁用手触及。测量结束时，对于大电容设备要放电。放电方法是将测量时使用的地线从绝缘电阻表上取下来与被测设备短接一下即可。

7）一般最小刻度为 1MΩ，测量电阻应大于 100kΩ。

8）禁止在雷电时或高压设备附近测绝缘电阻，摇测过程中被测设备上不能有人工作。此外要定期校验绝缘电阻表的准确度。

2. 万用表的使用与维护

变电运维工作所配发的万用表，绝大多数是数字式万用表，以数字式万用表为例加以说明。具体型号略有不同，以现场实际设备使用说明为准。

（1）万用表的使用。

1）明确万用表按钮的功能，包括液晶显示器、电源开关电源、保持开关、旋钮开关，电导、电容、测试附件“＋”及插座；电压、电阻、频率“＋”极插座，电容、电导、测试附件“－”极插座及小于 200mA 电流测试插座。

2）直流电压测量。将黑表笔插入“COM”插孔，红表笔插入“V Ω”插孔。将量程开关转至相应的“V－”量程上，然后将测试表笔跨接在被测电路上，红表笔所接的该点电压与极性显示在屏幕上。

如果事先对被测电压范围没有概念，应将量程开关转到最高的挡位，然后根据显示值转至相应挡位上；如果屏幕显示“1”，表明已经超过量程范围，须将量程开关转至相应挡位上。

输入电压切勿超过1000V，如超过则有损坏仪表电路的危险；当测量高电压电路时，千万注意不要触及高压电路。

3）交流电压测量。将黑表笔插入“COM”插孔，红表笔插入“VΩ”插孔。将量程开关转至相应的“V～”量程上，然后将测试表笔跨接在被测电路上。

如果事先对被测电压范围没有概念，应将量程开关转到最高的挡位，然后根据显示值转至相应挡位上。输入电压切勿超过750V，如超过则有损坏仪表电路的危险。当测量高压电路时，避免触及高压电路。

4）直流电流测量。将黑表笔插入“COM”插孔，红表笔插入“mA”插孔中（最大为200 mA），或红表笔插入红表笔插入“20A”插孔中（最大为20A）。将量程开关转至相应“A—”挡位上，然后将仪表串入被测量电路中，被测电流值及红色表笔点的电流极性将同时显示在屏幕上。

如果事发对被测电流范围没有概念，应将量程开关转到最高的挡位，然后根据显示值转至相应挡上；如果屏幕显示“1”，表明已经超过量程范围，须将量程开关转至相应挡位上。

最大输入电流为200mA或者20A（视红表笔插入位置而定），过大的电流将会将熔丝熔断。在测量20A要注意，该挡位无保护，千万要小心，过大的电流将使电路发热，甚至损坏仪表。

5）交流电流测量。将黑表笔插入“COM”插孔，红表笔插入“mA”插孔中（最大为200 mA），或红表笔插入红表笔插入“20A”插孔中（最大为20A），将量程开关转至相应“A～”挡位上，然后将仪表串入被测电路中。

如果对被测电流范围没有概念，应将量程开关转到最高的挡位，然后根据显示值转至相应挡上；如果屏幕显示“1”，表明已经超过量程范围，须将量程开关转至相应挡位上，最大输入电流为200 mA或者20A（视红表笔插入位置而定），过大的电流将会将熔丝熔断，在测量20A要注意，该挡位无保护，务必要小心，过大的电流将使电路发热，甚至损坏仪表。

6）电阻测量。将黑表笔插入“COM”插孔，红表笔插入“VΩ”插孔，将量程转开关制相应的电阻量程上，将两表笔跨接在被测电阻上。

如果电阻值超过所选的量程值，则屏幕会显“1”，这时应将开关转至相应挡位上。当测量电阻值超过1MΩ时，读数需几秒时间才能稳定，这在测量高电阻时正常的，当输入端开路时，则显示过载情形。测量在线电阻时，必须确认被测电路所有电源已关断而所有电容都已完全放电时，才可进行。

请勿在电阻量程输入电压，这是绝对禁止的，虽然仪表在该挡位上有电压防护功能。

7）电容测量。将红表笔插入“COM”插孔座，黑表笔插入“mA”插座孔，将量程开关转至相应之电容量程上，表笔对应极性（注意红表笔极性为“+”）介入被测电容。

如果事先对被测电容范围没有概念，应将量程开关转到最高的挡位；然后根据显示值转至相应挡位上；如屏幕显示“1”，表明已超过量程范围，须将量程开关转至相应挡位上。

在将电容插入测试插座前，屏幕显示值可能尚未回到零，残留读数会逐渐减小，但可以不予理会，它不会影响测量的准确度。大电容挡测量严重漏电或击穿电容时，将显示一些数值且不稳定。因此在测试电容容量之前，必须对电容应充分地放电，以防止损坏仪表。

8）三极管测试。将量程开关置于“hFE”挡；将三极管测试附件的“+”极插入“COM”插孔座，“−”极插入“mA”插座孔。所测晶体管为 NPN 或 PNP 型，将发射机、基极、集电极分别插入测试附件上相应的插孔。

9）二极管及通断测试。将黑表笔插入“COM”插孔座，红表笔插入“VΩ”插孔（注意红表笔极性为“+”）。将量程开关置“→+ •)))”挡，并将表笔连接到待测试二极管，读数为二极管正向压降的近似值，禁止在“→+ •)))”挡输入电压，以免损坏仪表。

10）频率测量。将表笔或屏蔽电缆插入“COM”插孔座和“VΩ”插座孔，将量程开关转到频率挡上，将表笔或屏蔽电缆跨接在信号源或被测负载上。

在噪声环境下，测量小信号时最好使用屏蔽电缆，在测量高压电路时，千万不要触及高压电路，禁止输入超过 250V 电流或交流峰值的电压值，以免损坏仪表。

11）自动断电。当仪表使用约 20±10min 后，仪表自动断电进入休眠状态；若要重新启动电源，再按两下“POWER”键，就可重新接通电源。

（2）万用表的维护。

1）注意防水、防尘、防摔。

2）不宜在高温高湿、易燃易爆和强磁场的环境下存放、使用仪表。

3）请使用湿布和温和的清洁剂清洁仪表外表，不要使用研磨剂及酒精等烈性溶剂。

4）如果长时间不用，应取出电池，防止电池漏液腐蚀仪表；

5）注意电池使用情况，当屏幕显示出电量不足符号时，应更换电池。

16.6　电桥的使用与维护

电桥是用比较法测量各种电路中的物理量（如电阻、电容、电感等）的仪器。最简单的电桥是由四个支路组成的电路，各支路称为电桥的“臂”。常用的电桥有惠登斯电桥和开尔文电桥等。

电桥电路是电磁测量中电路连接的一种基本方式。由于它测量准确，方法巧妙，使用方便，得到广泛应用。电桥电路不仅可以使用直流电源，而且可以使用交流电源，故有直流电桥和交流电桥之分。

直流电桥主要用于电阻测量，它有单电桥和双电桥两种。前者常称为惠斯登电桥，用于中值电阻测量；后者常称为开尔文电桥，用于低值电阻测量。

运维工作中我们经常用到的电桥仪器，其原理构成大多是单臂电桥和双臂电桥，主要用来测量电阻。下面分别简单介绍两种电桥的基本使用方法。具体使用细节由现场使用的电桥型号决定。

1. *单臂电桥*

以直流单臂电桥为例，测量电阻步骤如下。

（1）把直流单臂电桥放平稳，断开电源和检流计按钮，进行机械调零，使检流计指针和中性线重合。

（2）按选取的比例臂，调好比较臂电阻。

（3）用万用表电流挡粗测被测电阻值，选取合理的比例臂。使电桥比较臂的四个读数盘都利用起来，以得到4个有效数值，保证测量精度。

（4）读出比较臂的电阻值再乘以倍率，即为被测电阻值。

（5）将被测电阻RX接入X1、X2接线柱，先按下电源按钮，再按检流计按钮。若检流计指针摆向“＋”端，需增大比较臂电阻；若指针摆向“－”端，需减小比较臂电阻。反复调节，直到指针指到零位为止。

（6）直流单臂电桥使用测量完毕后，先断开检流计按钮，再断开电源按钮，拆除测量接线。

2. *双臂电桥*

下面以直流双臂电桥为例，说明其测量电阻的步骤。

（1）检查灵敏度旋钮置于最小位置，打开检流计机械锁扣，调节调零器使指针指在零位。发现电桥电池电压不足应及时更换，否则将影响电桥的灵敏度。采用外接电源时，必须注意电源的极性，将电源的正、负极分别接到“＋”“－”端钮，且不要使外接电源电压超过电桥工作电压的规定值。

（2）估测被测电阻，选择倍率臂。用万用表估测被测电阻，选择适当的倍率臂。估测被测电阻为几欧时，倍率臂应选×100 挡。估测被测电阻为零点几欧时，倍率臂应选×10 挡。估测被测电阻为零点零几欧时，倍率臂应选×1 挡。

测量时，倍率臂务必选择正确，否则会产生很大的测量误差，从而失去精确测量的目的。

（3）接入被测电阻，按四端接线法接入被测电阻时，应采用较短较粗的导线连接。接线间不得绞合，并将接头拧紧。被测电阻有电流端钮和电位端钮时，要与电桥上相应的端钮相连接。同时要注意电位端钮总是在电流端钮的内侧，且两电位端钮之间的电阻就是被测电阻。如果被测电阻（如一根导线）没有电流端钮和电位端钮，则自行引出电流端钮和电位端钮，然后与电桥上相应的端钮相连接。

（4）接通电路，调节读数盘使之平衡。适当增加灵敏度，然后观察检流计指针偏转。若检流计指针朝“＋”方向偏转，应减小读数盘读数；若检流计指针朝“－”方向偏转，应增大读数盘读数，使检流计指针指零，再增加灵敏度，调读数盘读数，使检流计指针指零。如此反复调节，直至检流计指针指零。

由于直流双臂电桥在工作时电流较大，要求上述操作动作要迅速，以免电池耗电量过大。被测电阻含有电感时，应先锁住电源端钮 B，间歇按检流计按钮 G。被测电阻不含电感时，应先锁住检流计按钮 G，间歇按电源端钮 B。

（5）计算电阻值。被测电阻值＝倍率数×读数盘读数。

（6）关闭电源。先断开检流计按钮 G，再断开电源端钮 B，然后拆除被测电阻，最后锁上检流计锁扣。

3. 电桥的保养

每次测量结束，都应将盒盖盖好，存放于干燥、避光、无振动的场合。搬动电桥时应小心，做到轻拿轻放，否则易使检流计损坏。

16.7　回路电阻测试仪的使用与维护

回路电阻仪又称接触电阻测试仪或大电流微欧计，主要用于断路器接触电阻与截流导体电阻的高精度测量，能长时间稳定输出电流。

电力系统中普遍采用常规的双臂直流电桥测量变压器线圈的直流电阻、高压断路器的接触电阻，而这类电桥的测试电流仅为毫安级，难以发现变压器线圈导电回路导体截面积减少的缺陷。在测量高压开关导电回路的接触电阻时，由于受到油膜和动静触点间氧化层的影响，测量的电阻值偏大若干倍，掩盖了真实的接触电阻值。

现阶段运维工作所配备的回路电阻测试仪基本都采用高频开关电源技术和数字电路技术相结合设计而成，它适用于开关控制设备回路电阻的测量。回路电阻测试仪测试电流采用国家标准推荐的直流100A，可在电流100A的情况下直接测得回路电阻，并用数字显示出来，触控界面方便简洁，操作简便。

1. 回路电阻测试仪的使用方法

以运维工作中使用到的一款回路电阻测试仪为例，说明回路电阻测试仪一般使用方法。由于设备的厂家不同，具体操作界面和操作方法略有不同，但主体部分和接线形式一般相同。

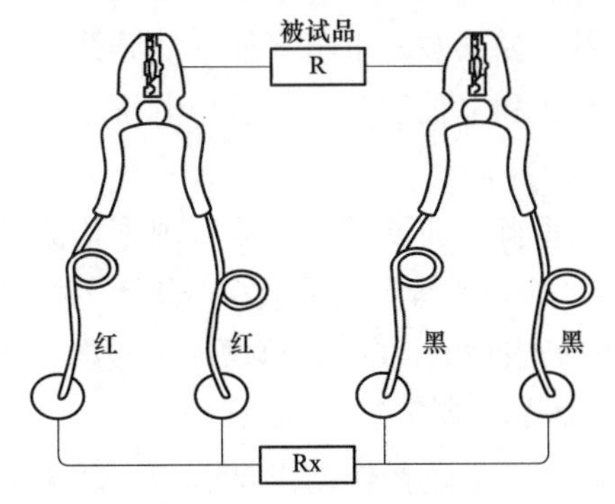

图 16-7　被试品接线图

打开仪器机箱检查各附件是否齐全。将被试品与回路电阻测试仪按图 16-7接线。

（1）电阻测量。将连线接好后，打开仪器右上角的电源开关，打开电源后仪器进入图 16-8 所示界面。

进入界面后，单击键盘“计时”按进行测量时间设定。时间设置菜单如图 16-9所示。

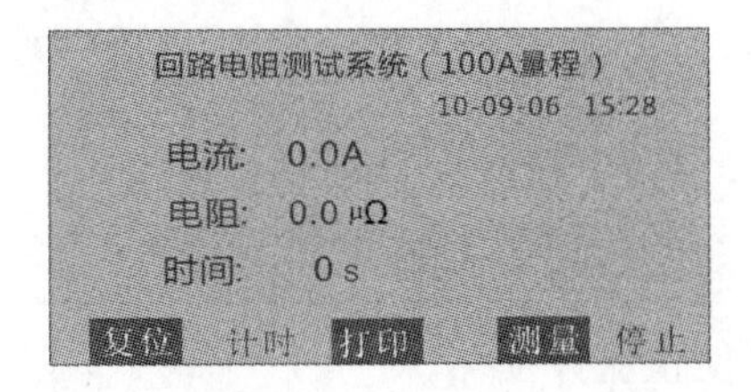

图 16-8　开机界面

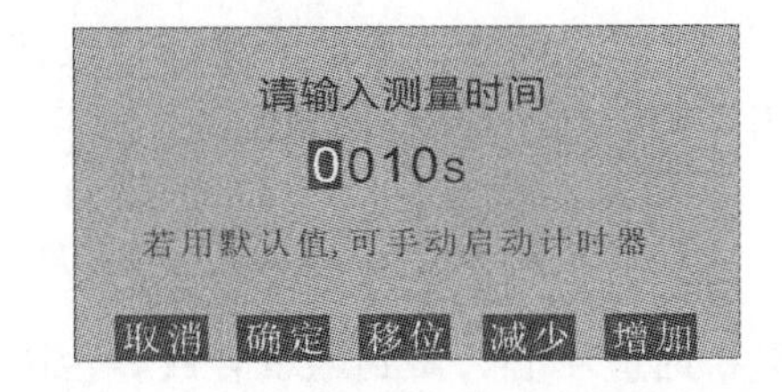

图 16-9　测量时间设定菜单

进入时间设置菜单后时进行测量时间设定，根据键盘提示进行测量时间设置，设置完成后按“确定”键进入待测量界面，如图 16-10 所示。

此时可按“测量”键进行测量，测量状态如图 16-11 所示。

测量完成后按“停止”键完成此次测量，测量停止后可直接按打印键进行本次测量数据的打印，打印前先输入报告编号，如图 16-12 所示。

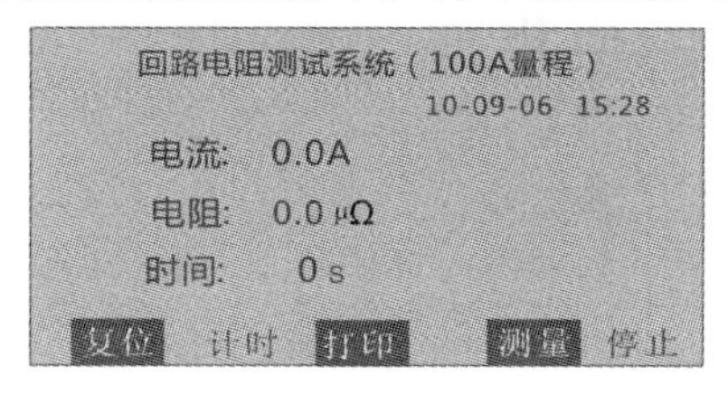

图 6-10　待测量工作界面

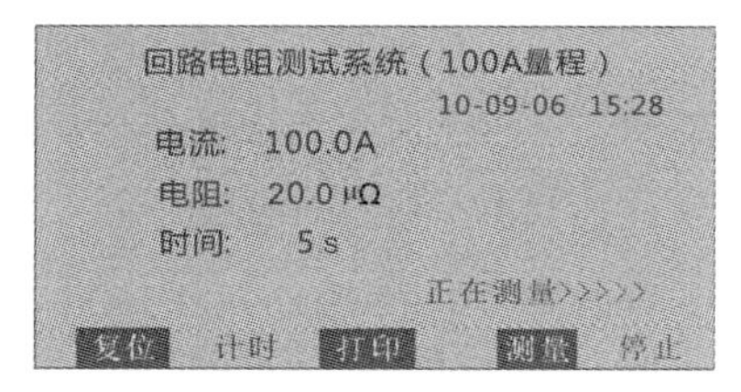

图 16-11　测量界面

图 16-12 中所示报告编号为 10 年 09 月份第 06 台开关 A 相电阻，报告编号设置完成后按“确定”键进入打印菜单，打印菜单如图 16-13 所示。

图 16-12　设置报告编号菜单

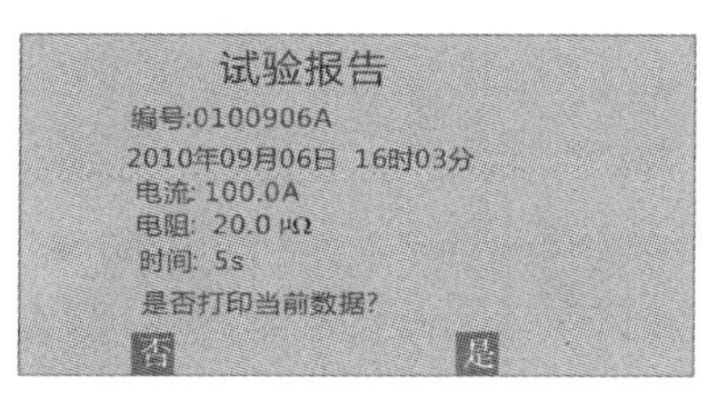

图 16-13　打印报告菜单

到此，本次所有测量步骤完成。测量完成后保存打印测量报告以便日后查找及分析数据。所有试验完成后，请关闭电源，拆除测量线路，保持仪器表面清洁。

（2）试验注意事项。

试验时接地端必须可靠接地。开机前请检查电源电压：交流 220V±10%，50Hz。更换保险管和配件时，请使用与仪器相同的型号。试验时请确认被测设备已断电，并与其他带电设备断开。

2. 回路电阻测试仪的维护

（1）验证设备的可用性。

仪器在使用前首先观察仪器外观是否有破损。通电后检查仪器表头是否有显示，显示是否完整，对长期没有使用的仪器还应检查其输出部分接线柱是否锈蚀、老化现象，否则应及时清理完好再使用。

（2）设备的保养。

每次完成试验后，清整仪器接线柱上的连线，关闭电源，断开电源插头，盖上机箱盖，放置在干燥无尘、通风无腐蚀性气体的室内。

（3）保险管的更换方法。

仪器的保险管与仪器的电源插座连为一体，更换时首先应拔掉电源线，用小一字改锥从上方拨出保险盒后进行保险管更换。

16.8 变比测试仪的使用与维护

变比测试仪多采用智能测试仪，相比电桥测量变比，操作过程简单，步骤清晰，能够快速准确地测量出相应设备的变比。由于不同厂家生产的仪器，其软件不同、界面不同，但现场操作过程基本一致，下面以运维工作中使用到的一款变比测试仪为例说明变比测试仪的一般使用方法。

1. 操作步骤

(1) 接线：变化测试仪操作面板如图 16-14 所示，将仪器端子（A、B、C、a、b、c）与变压器端子（A、B、C、a、b、c）对应接好，注意高低压千万不要接反，否则可能损坏仪器。

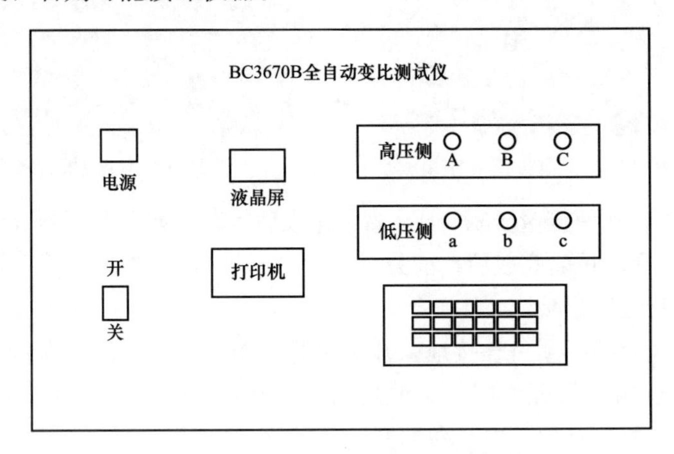

图 16-14　变化测试仪操作面板

(2) 打开电源开关，显示屏首先显示“欢迎使用产品”，接着显示自检 1、自检 2、自检 3、通过，表示仪器正在自检。最后，分别显示上次试验的变比，分接百分比、组别、信息显示栏（误差显示栏）显示“自检通过”，表明仪器正常，可进行下一步操作。

(3) 按“参数”键，依次输入变比，分接间距、组别，直至参数指示灯熄灭，如本次试验所用参数与前次相同，此项操作可省略。

(4) 用分接调节键调整分接点，每按一次该键，分接值移动一个分接间距，如按分接调节键，分接显示栏无任何反应，则说明分接间距没有设置，此时可按参数键，设置分接间距。

(5) 测量。

1）三相连续。按“三相连续”键，键灯亮，按“开始”键，键灯亮，仪器开始测量并自动进入记录状态。每测完一相，发出提示音，进入下一相测量，全部完成后，自动停止。

2）单相。按“AB”键，键灯亮，按“开始”键，键灯亮，仪器开始测量待误差显示稳定后，记下该数据，按“停止”键，键灯亮，完成 AB 相的测试。同样完成 BC、CA 相的测量。

（6）打印。

如需打印，必须在测量操作前按记录键，键灯亮，则仪器进入自动记录状态，自动记录以后每次测量操作的数据，切断电源。如果用三相连续功能进行测量，仪器自动记录，测量前无需按〈记录〉键。

（7）其他功能键的使用。

1）“显示实测变比”键：如果需要在测量过程中观察实测变比值，则在测量前按“显示实测变比”键，键灯亮，表明测量过程中可以显示实测变比值。再次按“显示实测变比”键，键灯灭，则在测量过程中不显示实测变比值。

2）“分接在低压侧”键：大部分变压器的分接在高压侧，测分接在低压侧的变压器时，使用此键，键灯亮，再按此键，键灯灭。多数情况下，此键灯应是熄灭的。

3）“分析组别”键：如果事先不知道三相变压器的组别，则将三相变压器测试线接好，按“分析组别”键，键灯亮，按“开始”键，仪器开始工作，约需 70s 时间，组别和变比测试结果会显示出来。仪器不分析单相变压器组别，仅为 0 或 6，如果极性错误，组别显示窗闪烁，提示错误。有的变压器分析组别时错误，但输入参数能正常测量，其原因是变压器铁芯插片对称性不好，在一个柱励磁时，其他柱磁分布误差较大。

4）“自检”键：按“自检”键，仪器开始自检。首先，依次点亮全部显示器，供操作者检查，然后，检查分压器和测量回路是否工作正常。

5）数字键。数字键是复合功能键，在“参数”键灯亮时有效。比如数字“0”在参数键灯亮时，按“打印”键，则输入 0，如参数灯灭时，按“打印”键，则打印。

2. 日常维护

（1）在测试过程中应先开机，预热半分钟以上，然后开始试验，在测试全过程中应避免频繁关机。

（2）远离水源和腐蚀性气体。

(3) 仪器保存温度不能超出−55℃～60℃，不要骤冷骤热。

(4) 仪器测量时，在高压侧输出 220V 电压，注意安全。接线操作一定在测量停止状态。

(5) 高低压端子不能反接，容易损坏仪器。

(6) 仪器使用 220V 测量，被测变压器的高压侧额定电压不低于 220V。

16.9 伏安特性测试仪的使用与维护

互感器伏安特性测试仪是利用微机技术全自动化的电压互感器、电流互感器特性测试仪器，该仪器可以完成的试验包括：电流互感器伏安特性试验、电压互感器伏安特性试验，电流互感器极性试验、电压互感器极性试验，电流互感器变比极性试验和电压互感器变比极性试验，自动计算电流互感器的任意点误差曲线，电流互感器/电压互感器变比比差等。下面以一款常用型号进行说明。

1. 伏安特性测试仪使用方法

(1) 使用界面。伏安特性测试仪操作安全方便、简洁，其控制面板如图 16-15所示。

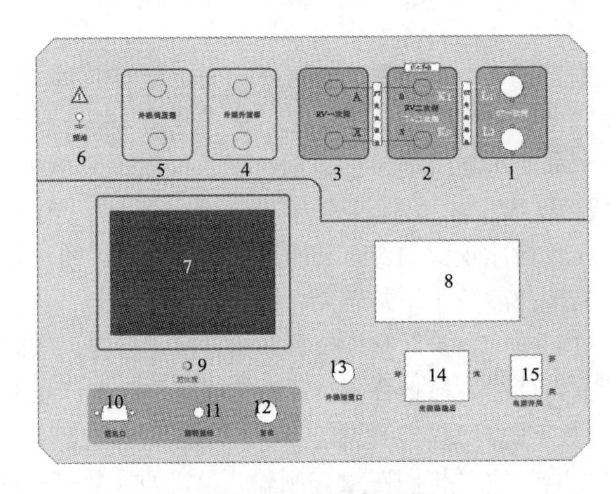

图 16-15　测试仪面板

1—电流互感器一次侧接线柱；2—电流互感器/电压互感器二次侧接线柱；3—电压互感器一次侧接线柱；4—外接升流器输入端；5—外接调压器输入端；6—接地端子；7—320×240 LCD 显示屏；8—微型打印机；9—对比度调节；10—RS232 计算机通信口；11—旋转鼠标；12—复位按钮；13—外接测量口；14—主回路空气断路器；15—仪器电源开关

仪器侧板上装有仪器供电电源插口（带 2A 保险）和散热风机，仪器电源插口可接受 220V 和 380V 电源输入，仪器会根据输入的电源进行自适应调整。

（2）电流互感器伏安特性试验和误差曲线计算。

1）试验接线。电流互感器伏安特性试验可以选择单机试验和外接调压器试验，单机试验是指只需要利用仪器的内置调压器进行试验，不需要外接任何升压仪、升流和调压仪器。

电流互感器伏安特性单机试验接线如图 16-16 所示。

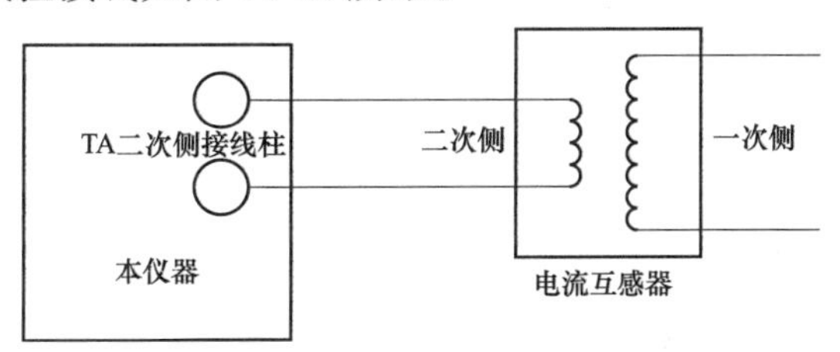

图 16-16　伏安特性单机试验接线图

电流互感器伏安特性外接调压器试验接线如图 16-17 所示。外接调压器试验使用选配的调压器进行伏安特性试验，在电流互感器伏安特性试验设置界面中选择外接调压器试验则会进入外接调压器试验环境，外接调压器试验开始后用户控制调压器升压，仪器不断采集电流互感器二次侧的电压和电流实时数据，一旦采集的电压或电流值超过设定的任何一项时，试验就会自动停止。

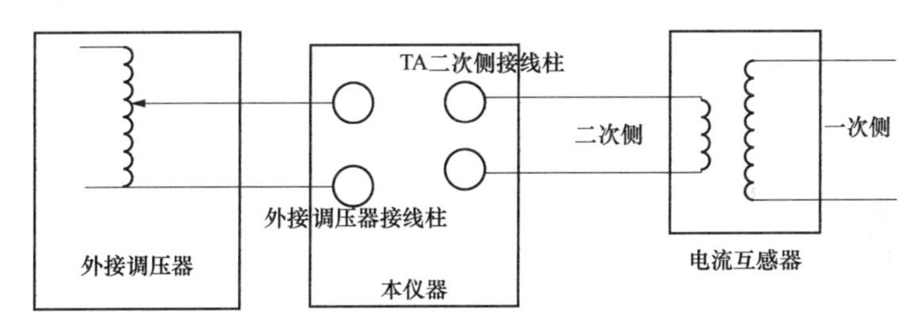

图 16-17　电流互感器伏安特性外接调压器试验接线图

外接升压器试验接线如图 16-18 所示，外接升压器使用选配的外接升压器

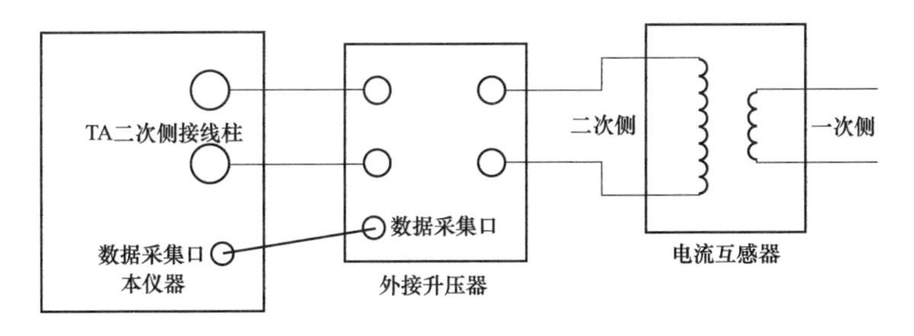

图 16-18　电流互感器伏安特性试验外接升压器试验

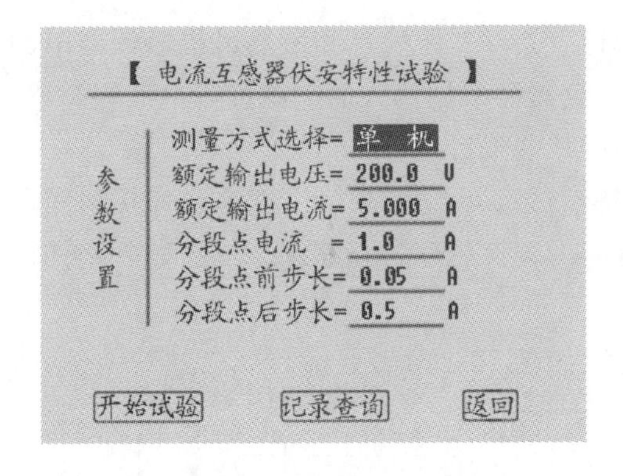

图 16-19　电流互感器伏安特性测试设置界面

进行伏安特性试验，在电流互感器伏安特性测试设置界面（见图 16-19）中选择外接升压器试验，则会进入外接升压器试验环境，试验过程与操作和单机试验相同。

2）试验参数设置。

进入电流互感器测试主界面后，转动旋转鼠标将光标移动到“伏安特性试验”选项，按下旋转鼠标就可进入伏安特性试验设置界面，伏安特性试验设置界面如图 16-19 所示，转动旋转鼠标可以改变当前所选择选项数值，将光标移动至“返回”，按下鼠标则可返回至电流互感器测试主菜单界面，电流互感器伏安特性参数设置界面的各参数含义如下。

a）最大输出电流是设置电流互感器伏安特性测试时的最大二次电流值，此值一般设置为电流互感器的额定二次电流。如 600A/5A 则二次最大电流一般设为 5A，600A/1A 则二次电流一般设为 1A，仪器内置互感器二次侧所测量的最大电流范围 1～20A。

b）最大输出电压。最大输出电压是指二次最大电压，指电流互感器伏安特性试验时的电压停止条件，如果不太确定可设为 400V 进行试探性的试验。如果试验完成后，400V 时电流互感器还没有达到饱和则可将此电压设高，在 AC220V 电源输入情况下最大输出电压为 600V，在 380V 输入下最大输出电压可达 1000V。

c）理论拐点电流是估计的拐点电流值，理论拐点一般为电流互感器额定电流的 0.1～0.2 倍，可据此设置一个分段点电流值，分段点范围一般可设为是：0.1～1.0A，“理论拐点”与下面的“拐点前步长”、“拐点后步长”结合在一起，对测试过程的电压电流数据个数进行控制。

d）拐点前步长。理论拐点电流以前的电流采集，按这个设定值的 n 倍进行记录，电流和电压数值的采集是同步进行的，拐点前步长数据采集范围可以设定为：0.01～0.50A。

e）拐点后步长：理论拐点电流以后的电流采集，按这个设定值的 n 倍进行记录，拐点后步长记录范围是：0.1～5.5A，且是 0.1A 的倍数。

3）试验画面。完成伏安特性试验参数设置后，选中“单机试验”，按下旋转鼠标进入单机试验运行界面，再按下“运行”，仪器会控制自带的内置调压器升压，进行伏安特性试验。记录试验过程中电压和电流数据，一旦采集的电压或电流数值超过设置的电流或电压最大值，试验自动结束，调压器返回零位，外接调压器和外接升压试验画面和图 16-20 相同。

4）查看伏安试验历史数据。互感器伏安特性测试仪只能保存电流互感器伏安试验结果，电流互感器误差曲线和电压互感器伏安特性试验结果三种数据，在电流互感器伏安特性试验界面中可以查看电流互感器伏安特性历史数据，查看历史数据画面如图 16-21 所示。

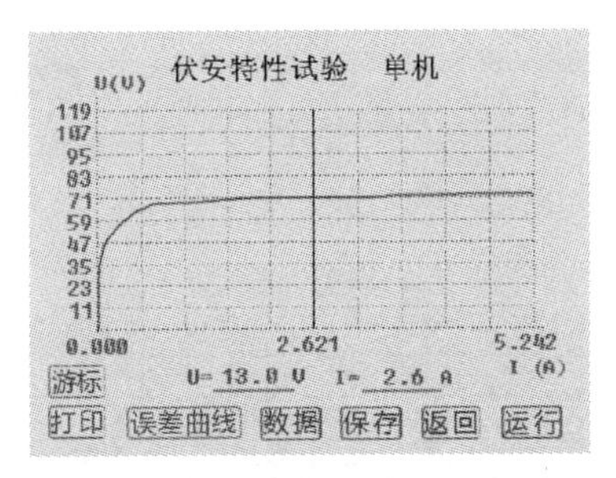

图 16-20　伏安特性单机试验界面

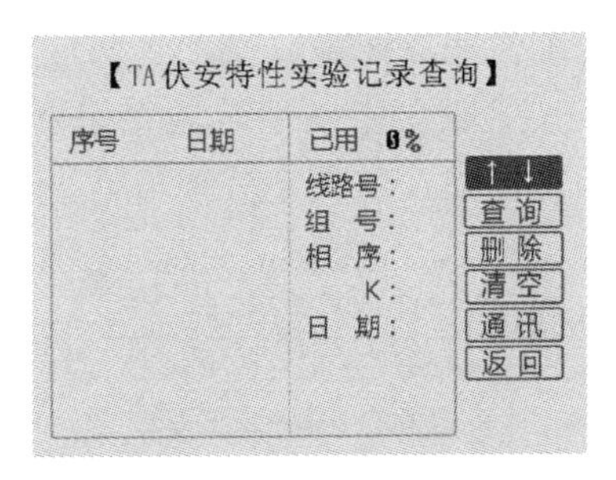

图 16-21　查看历史数据画面

查看历史数据的操作说明如下。

a）查看数据：选择查看数据，可以浏览保存的伏安特性曲线，详细的伏安特性电压电流数据，误差曲线等（如果没有保存误差曲线则无）。

b）删除本组数据：删除当前所选中的数据组。

c）删除所有数据：将所有保存的数据永久删除。

d）返回：返回到上级界面。

（3）电流互感器变比极性试验。

电流互感器单机变比极性试验接线如图 16-22 所示。

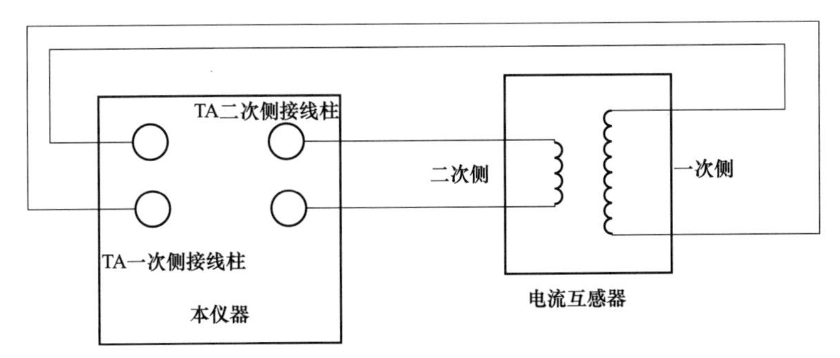

图 16-22　电流互感器单机变比极性试验接线

在电流互感器测试主界面上转动旋转鼠标，选择变比试验，按下旋转鼠标则进入图 16-23 所示的电流互感器变比极性试验设置界面。

在进行电流互感器变比极性试验设置时，按被试品的比值大小来设定一次测试电流，如果一次额定电流超过 600A，可将一次电流设为 400A～600A，二次额定电流按被试品铭牌标注设置为 5A 或 1A。一次电流检测点可随意在零到设定的一次电流之间取 5 个点。电流互感器变比极性试验设置画面中的单机试验、外接升压器试验和专用升流器的含义和电流互感器伏安特性类似，单机试验是指利用仪器内置的调压器和升流进行试验，外接调压器和专用升流器则使用选配件完成试验。

电流互感器变比极性试验结果显示如图 16-24 所示，在画面中可选择停止，打印和返回，其含义分别为：

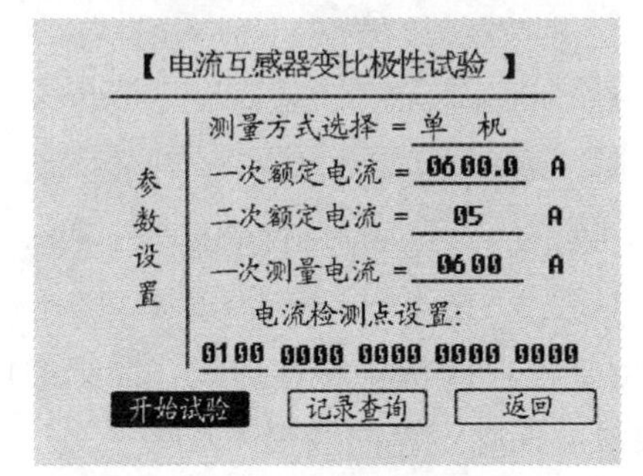

图 16-23 电流互感器变比极性试验设置界面

变比极性测试结果

测试电流	变比	比差
100.0A	600.49A/5A	0.08%
200.0A	600.10A/5A	0.02%
300.0A	600.16A/5A	0.03%
302.24A	600.16A/5A	0.03%

极性：同极性/-

一次侧电流：302.2A 二次侧电流：2.52A

运行 打印 保存 返回

图 16-24 电流互感器变比极性试验结果

1）停止，按下后仪器立即停止升流，并自动将调压器返回零位；

2）打印，使用仪器自带的微型打印机，打印试验结果；

3）返回，返回到上一级试验界面。

（4）外接调压器试验。

外接调压器器试验接线如图 16-25 所示，电流互感器外接调压器变比极性试验的控制过程和电流互感器外接调压器的伏安特性试验相同。

外接升流器试验接线如图 16-26 所示，电流互感器变比极性的外接升流器试验和电流互感器变比极性单机试验接线相同。

（5）电流互感器极性试验。

电流互感器极性试验接线图 16-26 例所示，电流互感器极性试验接线与电流互感器变比极性试验接线方式相同，极性试验操作界面如图 16-27 所示，按下运行后，仪器会自动检测所连接电流互感器的极性。选择“打印”则将试验结果打印，选择“返回”则返回至电流互感器试验主界面，操作界面如图 16-28 所示。

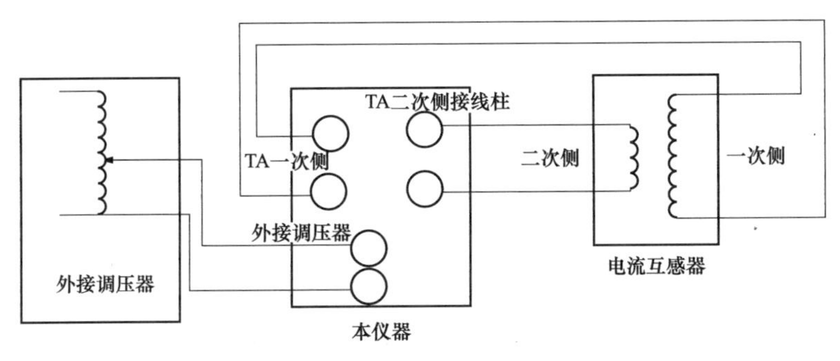

图 16-25 电流互感器变比极性试验接线图

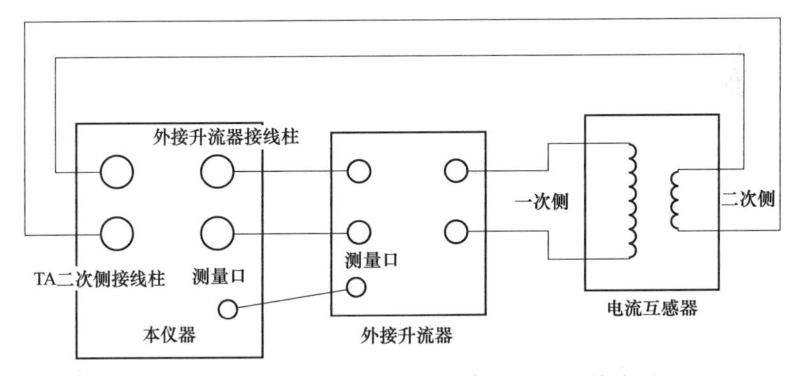

图 16-26 电流互感器变比极性外接升流器接线图

(6) 电压互感器伏安特性试验和误差曲线计算。

电压互感器伏安特性试验可以选择单机试验和外接调压器试验。单机试验是指只需要利用全自动互感器综合测试仪的内置调压器进行试验，不需要外接任何升压、升流和调压仪器。电压互感器伏安特性单机试验接线如图 16-28 所示。

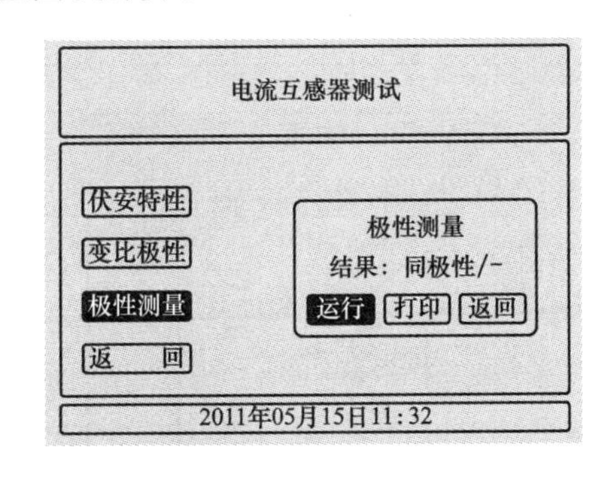

图 16-27 电流互感器极性试验操作界面

电压互感器伏安特性试验的接线和电流互感器伏安特性试验相同，详细的说明请参照电流互感器伏安特性试验操作和接线。

注意：做电压互感器伏安特性试验时一定要注意电流互感器一次侧的绝缘

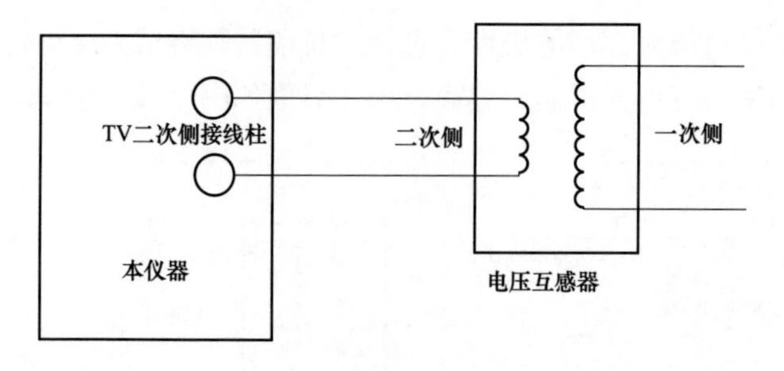

图 16-28 电压互感器伏安特性单机试验接线图

和注意保护试验人身安全，因为电压互感器试验过程中电压互感器一次侧可能会产生一个很大的电压。

（7）电压互感器变比极性试验。

1）单机变比极性试验。电压互感器变比极性试验接线如图 16-29 所示，在进行电压互感器变比极性时其单机试验、外接升压器试验和外接调压器试验与电流互感器伏安特性试验中阐述是一样的含义。

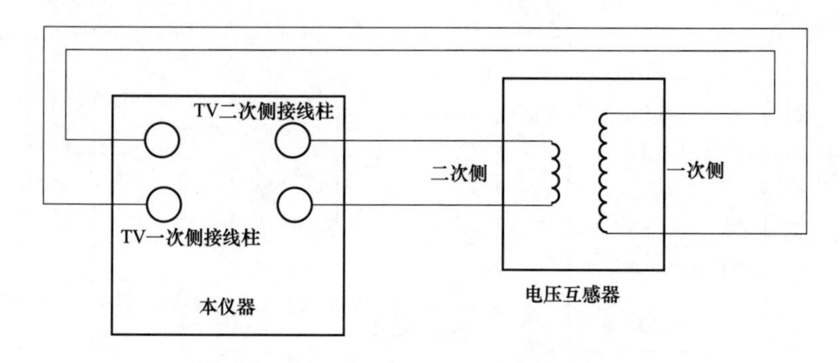

图 16-29 电压互感器变比极性试验接线图

电压互感器变比极性试验的外接升压器接线如图 16-30 所示。

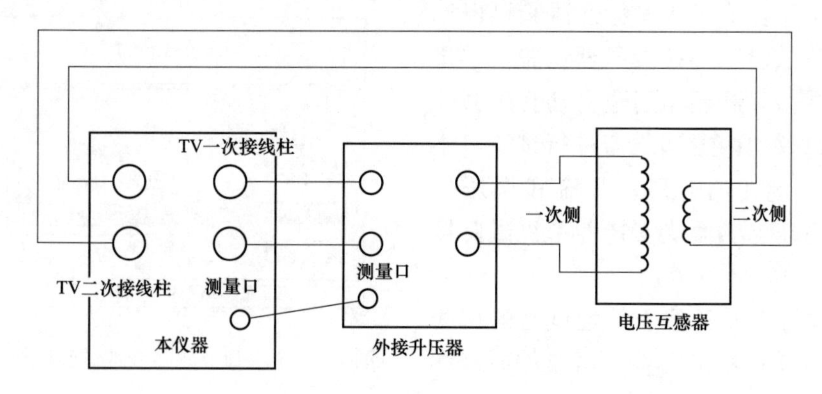

图 16-30 外接升压器接线图

2）试验参数设置。电压互感器变比极性试验参数设置界面如图 16-31 所示。一次电压和二次电压作为试验自动停止的判定条件，按被测品的变比大小设置一次侧测试电压，AC220V 电源输入时最大输出电压为 600V，AC380V 电源输入时最大输出电压为 1000V。

（8）电压互感器极性试验。

电压互感器极性试验接线与电压互感器变比极性试验接线图相同，电压互感器极性试验试验界面如图 16-32 所示，按下“运行”按钮进行极性判定，按下“打印”按钮则打印极性试验结果，按下“返回”则返回至电压互感器试验主界面。

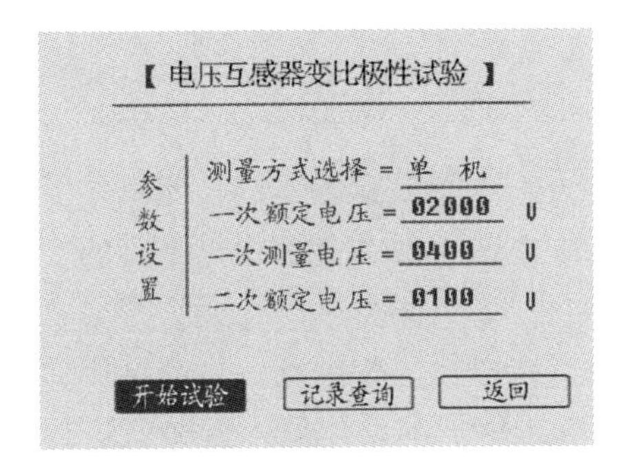

图 16-31　电压互感器变比极性试验界面

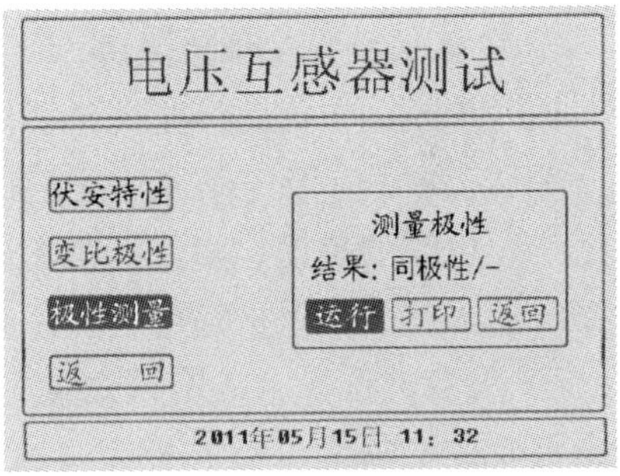

图 16-32　电压互感器极性试验界面

（9）测试后需要用仪器所带的软件分析数据，从而得出结果。

2．维护及注意事项

使用时应将仪器面板上的接地端子可靠接地。做伏安特性试验自动升压试验时，请勿外接调压器。仪器的工作电源为～220V 或～380V，插座装在侧板上。请勿堵塞仪器侧板上的风扇通风口，以免仪器过热。如果仪器长期不用，请放在干燥通风处保存，并一个月通电一次。

16.10　继电保护测试仪的使用与维护

1．继电保护测试仪在运维工作中的主要作用

（1）二次中所有单个元件的测试（电流、电压、时间、差动、平衡、负序、距离、功率方向、反时限、频率、同期、重合闸等继电器）。

（2）整组传动，能模拟各种简单或复杂的瞬时性、永久性、转换性故障，

可在基波上叠加暂态直流分量。

(3) 能随意叠加各次谐波，叠加初始角及含量在线可控。

(4) 可分相输出不同频率交流量、交直流两用。

(5) 专用低周单元，可方便测试微机低周低压减载保护。

(6) 各种保护时间特性的自动扫描。功率及阻抗保护特性曲线的扫描。

(7) 微机主变保护差动比例及谐波制动特性的自动测试。

(8) 整组距离、零序、过流保护自动测试。

随着微电子技术的发展和软件的逐步升级，继电保护测试仪的功能更加丰富，下面只介绍最基本的使用方法。另外继电保护测试仪的使用与维护还需要非常专业的继电保护知识，运维员工要加强这方面的学习。

2. 继电保护测试仪的使用

(1) 电压、电流的控制——手动试验。

测试仪就其本质来说是一个输出电流、电压的源，最基本的功能就是要能对电压、电流的幅值、相位、频率进行灵活的控制。如果能够提供丰富的变量类型，绝大部分的保护都可手动完成测试。

1) 变量的选择。常用的变量有相电压、线电压、相电流、直流电压、直流电流，改变幅值可对各种交直流电流、电压保护的动作值、返回值进行测试，改变频率可以对低周保护进行测试。

2) 动作时间的测试。任何保护测试动作时间的逻辑都是相同的。测试动作时间需要一个计时起点和一个停表点，测试时一般需要设置两个状态：状态1保证保护不会启动、状态2保证保护能够可靠动作。在进入状态2时开始计时，保护动作、接点返回时停止计时。

3) 参数设置。选择阻抗或阻抗角为变量的时候，将打开短路计算的参数设置页面，可设置阻抗的幅值和相位。

(2) 动态过程的控制——状态序列。

对系统故障、不正常状态的模拟，实际上就是电流、电压的一系列连续变化的过程。在这个过程中，一方面是电流、电压输出的控制，另一方面是状态之间的转换方式，这两方面能够很好地结合才能准确地模拟现场实际的变化。继电保护测试仪的模拟功能可以实现以上的功能。

(3) 各种故障类型的模拟——整组试验。

整组试验相当于继电保护装置的静模试验，其中提供了丰富的故障类型和故障性质的组合，可模拟复杂的故障逻辑。

1）故障类型和故障性质。可设置的故障类型包括各种单相接地、两相短路、两相接地短路和三相短路。故障性质有瞬时、永久以及转换性故障。故障类型和故障性质可以任意组合。在试验过程中，故障电流的变化一方面由参数设置决定，另一方面要结合开入量的动作情况。

如模拟的是一个 A 相转换为 AB 相的永久性的故障，从波形可以看到：测试仪先给出 A 相故障，保护动作 A 相跳闸，测试仪接到 A 相跳开的信号后切断 A 相的故障电流恢复电压；到转换时刻后由于 A 相已经被断开，所以只输出 B 相故障，保护此时还没有来得及重合，处于非全相运行状态，接到 B 相故障信息后立刻发三跳令，测试仪收到三相跳闸信号后断开 B 相故障电流，电压恢复正常。由于是永久性故障，保护重合后再次给出 AB 相故障，保护后加速动作跳开三相，测试仪切断故障电流。

从以上过程可以看出，测试仪的输出要能够由开入量控制，这样才能切合实际。计算模型是模拟故障的计算方法，一般有电流不变、电压不变、系统阻抗不变三种基本模型。

2）开关量。输入开关量是用来接收保护的动作信号的。对线路的测试开放了八对开入量，可以同时接收两套保护的动作情况。输出开关量可用来模拟断路器的辅助触点。在测试仪给出故障的同时可给出开出量的状态。“翻转时刻”表示从故障开始到开出翻转的时间。“保持时间”表示开出量翻转后所保持的时间。保持时间结束后恢复到翻转前的开出状态。

3. 使用维护及注意事项

继电保护测试仪属于精密仪器，在使用前检查电源是否合格、是否符合现场的要求。软件使用要尤其注意，不要让仪器分析软件死机。由于属于精密贵重仪器，搬运和使用过程中要保证轻拿轻放。

16.11　大电流发生器的使用与维护

大电流发生器是运维工作中常用的试验设备。大电流发生器采用先进的微电子处理技术，软件操作方便，可以胜任变电运维工作中的基本试验工作。

1. 大电流发生器的使用方法

（1）按照调试要求，将大电流发生器及被试品接好，并接好电源。

（2）根据被试品所需电流的大小选择好电流转换开关的位置，由于电流互感器不允许开路，所以电流转换开关只能拨到“大”或“小”的位置，不能将其置于中间位置。

(3) 合上电源，绿灯亮（如果绿灯不亮，应将调压器旋钮反时针调至零，直到绿灯亮），按下启动按钮，绿灯灭红灯亮，顺时针旋转调压器手柄，将电流升到所需值即可。

(4) 反时针将调压器手柄调至零位，按下停止按钮，红灯灭绿灯亮，试验结束。

2. 大电流发生器的维护及使用注意事项

(1) 测试工作不得少于两人，一人操作，一人监督操作，以确保安全。

(2) 外壳必须接地，不要因为低电压而忽视预防人身的安全事故。仪器必须有良好接地，使用中升流器和操作台必须可靠接地，以保证安全。

(3) 升流器次级至被试品导线不宜太长、截面积要足够（电流密度可按6～8A/mm考虑）接触面要处理干净（可用细纱布打亮），否则接头发热，甚至电流升不到额定值。

(4) 工作前先检查电源有足够的容量，否则电源线发热及电压降低影响正常工作。

(5) 工作现场不应有易燃物。温升试验则应准备足够的灭火器材。

(6) 连续性（升温）试验，现场应有人值班。并定时检查升流源设备、导线、接头发热情况，做好记录。根据电网电压的变动注意调节，以便维持额定试验电流。试验过程中，一旦发现不正常现象，应立即切断空气断路器电源，查明原因后再进行试验。试验完毕，必须将调压器回零，按空气断路器切断电源，切断工作电源，方向拆除试验接线，以保证安全。

(7) 试验工作应遵守电力安全工作规程有关规定并制定切合实际的安全措施。该仪器是为短时间的工作而设计的，所以不允许长时间在额定容量下工作，特别不允许超过额定电流运行，以防过热。

16.12 变压器损耗参数测试仪的使用与维护

变压器损耗参数测试仪可测量变压器空载损耗、空载电流、负载损耗、阻抗电压、电压有效值、电压平均值、电流、功率、功率因数、频率等参数，它是运维工作中对变压器进行例行试验的重要设备。

1. 变压器损耗参数试验

(1) 变压器空载损耗试验。

空载试验必须在额定频率（正弦波形）和额定电压下进行，使一个绕组达到额定励磁，其余绕组开路。一般选择变压器低压绕组侧为试验绕组，空载试验电源质量要符合国家标准规定，最好使用调压设备，能以零开始升压，这样便于及早发现问题和降低操作过电压，所测得的空载试验数据的误差应符合有关标准的规定。如果在做大型变压器试验时外接了电压、电流互感器，其精度不能低于 0.2 级。

在现场不具备测试电源的条件下，若对低压侧额定电压为 10kV 的中型变压器进行三相空载损耗试验，建议采用中间变压器〔如 10/0.4kV 配电变压器〕。中型电力变压器在现场进行空载试验，即现由仪器测量出中间变压器的空载损耗，再测量经中间变压器后对大型变压器的空载损耗，两者相减后即可得到大型变压器的空载损耗值。但需要注意中间变压器低压侧所需用的电流是否保证变电站的供电安全，由于空载试验时波形发生畸变，所测量的结果存在一定的偏差。

1）三相三线空载损耗测试。将三相电源的“Ua”、“Ub”、“Uc”分别接入仪器的“IA＋”、“IB＋”、“IC＋”接线端子；将仪器的“IA-”、“IB-”、“IC-”及“UA”、“UB”、“UC”分别接到变压器的低压侧。若变压器有中性点，将中性点接到仪器的“UO”接线端子，变压器的高压侧开路。

2）D 形分相空载损耗测试。对于加压侧绕组为 D、另一侧为 yn、y 或 d 联结的三相变压器，可以采用单相电源依次在 ab、bc、ca 相加压，非加压绕组应依次短路，测量变压器空载电流和空载损耗。将单相电源的“U”、“O”接入仪器的“IA＋”、“IB＋”接线端子；将仪器的“IA-”及“UA”接到变压器的低压侧 a 端，将“IB-”及“UB”接到变压器的低压侧 b 端，bc 间短接，变压器高压侧开路。

3）星形分相空载损耗测试。对于加压侧绕组为 Y、Yn 另一侧为 y 或 d 联结的三相变压器，可以采用单相电源，依次在 ab、bc、ca 相加压，未加压相与 O 相短接，测量变压器空载电流和空载损耗。

将单相电源的“U”、“O”接入仪器的“IA＋”、“IB＋”接线端子；将仪器的“IA-”及“UA”接到变压器的低压侧 a 端，将“IB-”及“UB”接到变压器的低压侧 b 端，co 或 c 相上的其他绕组短接；同时变压器的高压侧开路。

4）单相空载损耗测试。将单相电源的“U”、“O”接入仪器的“IA＋”、“IB＋”接线端子；将仪器的“IA-”及“UA”接到变压器的低压侧 a 端，将“IB-”及“UB”接到变压器的低压侧 x 端，变压器的高压侧开路。

(2) 变压器负载损耗测试操作说明。

1) 额定条件下的测试。试验必须在额定频率(正弦波形)和额定电流下进行，一般选择变压器一次侧绕组侧为试验绕组，二次侧(大电流侧)人工短路，短路导线截面积应不小于变压器导线截面积，其长度要尽可能短，并确保接触电阻可以忽略，以免影响测试结果。

2) 非额定条件下的测试。由于现场的实际情况，受条件的限制，无法对被测试变压器施加以额定频率的额定电压，特别是对大中型变压器试验，在现场更难以做到。建议利用小电流进行试验测试，根据国标要求，试验电流达到额定电流的25%～50%即可满足试验要求。

2. 维护及使用注意事项

接地端子应就近可靠接地，接好测试线后开机，在测试过程中，切不可拆除测试线，以免发生事故。一次测试完成后应锁定数据，然后断开测试电源，再查看或打印锁定数据或者移动拆除测试线。测试开始前请输入正确的辅助参数，仪器的测量结果都依赖于输入的辅助参数。

空载损耗测量时，在非额定电压条件下，电压校正是一种近似校正，所以尽量在额定电压条件下进行测量。负载损耗测量时，试验应尽量快速进行，以减少绕组温升所引起的误差。负载损耗测量时，低压侧短路线要足够粗，可以承受低压侧额定电流，并且连接可靠，确保接触电阻可以忽略。电流回路用粗线连接，电压回路用细线连接。

参 考 文 献

[1] 陈永辉，蔡葵，刘勇军，等. 供电设备红外诊断技术与应用. 北京：中国水利水电出版社，2006.

[2] 李宏伟，张松林. 阀控式密封铅酸蓄电池实用技术问答. 北京：中国电力出版社，2004.

[3] 张全元. 变电运行现场技术问答. 北京：中国电力出版社，2009.

[4] 陈天翔，王寅仲，海世杰. 电气试验. 2版. 北京：中国电力出版社，2008.

[5] 上海市电力公司超高压输变电公司. 电气试验. 北京：中国电力出版社，2012

[6] 国家电网公司人力资源部. 国家电网公司生产技能人员职业能力培训通用教材电气试验. 北京：中国电力出版社，2010.

[7] 谭立成，高楠楠. 高压电气试验基础知识. 北京：中国电力出版社，2013.

[8] 周武仲. 电气试验基础. 北京：中国电力出版社，2010.

[9] 王晴. 怎样填写与使用电气工作票，操作票. 北京：中国电力出版社，2006.